海洋化学调查指导手册

黄　磊　主编

中国海洋大学出版社

·青岛·

图书在版编目(CIP)数据

海洋化学调查指导手册 / 黄磊主编. —青岛:中国海洋大学出版社,2015.9(2022.8重印)

ISBN 978-7-5670-0977-6

Ⅰ.①海… Ⅱ.①黄… Ⅲ.①海洋化学—海洋调查—手册 Ⅳ.①P734-62

中国版本图书馆 CIP 数据核字(2015)第 209674 号

出版发行	中国海洋大学出版社		
社　　址	青岛市香港东路 23 号	邮政编码	266071
出 版 人	杨立敏		
网　　址	http://pub.ouc.edu.cn		
电子信箱	1079285664@qq.com		
订购电话	0532—82032573(传真)		
责任编辑	孟显丽	电　　话	0532—85901092
印　　制	日照报业印刷有限公司		
版　　次	2016 年 9 月第 1 版		
印　　次	2022 年 8 月第 2 次印刷		
成品尺寸	170 mm×230 mm		
印　　数	1101－1600		
印　　张	6.75		
字　　数	150 千		
定　　价	33.00 元		

发现印刷质量问题,请致电 0633—8221365,由印刷厂负责调换。

编委会

主　编　黄　磊

编　委　李　岩　乜云利　宋振杰　魏泇海
　　　　辛　宇　于　胜　袁志伟

前　言

　　海洋科学是研究海洋的自然现象、变化规律以及开发、利用、保护海洋有关的知识体系。这一研究体系由物理海洋学、海洋化学、海洋生物学和海洋地质学四个分支科学构成。海洋化学是研究海洋各部分的化学组成、物质分布、化学性质和化学过程的科学,它与海洋生物学、海洋地质学和物理海洋学等有密切关系。

　　1670年,英国科学家玻意耳研究了海水的含盐量和海水密度变化的关系,这是海洋化学研究的开始。海洋化学有突出的地区性特点。它既研究海洋中各种宏观化学过程,如不同水团在混合时的化学过程、海洋和大气的物质交换过程、海水和海底之间的化学通量和化学过程等;也研究海洋环境中某一微小区域的化学过程,如表面吸附过程、络合过程、离子对的缔合过程等。由此可见,海洋化学的学习是一个需要进行大量的、不同时间和空间尺度的海上调查和实验分析的认知过程。

　　海洋化学的海上调查是针对海水体系,通过采取海水样品,分析海水中溶解气体、营养盐、有机物、悬浮颗粒物、重金属等化学物质的含量(浓度),得到各种化学物质的分布特征,发现迁移转化规律并明确其"源"、"汇"平衡状态。

　　由于海洋是一个综合的自然体系,在海洋的任一个空间单元中,常可能同时发生物理变化、化学变化、生物变化和地质变化,这些变化往往交织在一起。因此,化学海洋学要同物理海洋学、生物海洋学和地质海洋学相互渗透和相互配合,才能全面地研究海洋学问题。

　　当今的全球生态系统处于显著的变化中。气候变化和人类活动是影响全球生态系统的两大主要因素,也是目前各国政府都十分关注的问题。海洋占地球表面积的71%,其在全球生态系统的调节作用十分重大,作为重要的碳"汇"而承载了70%以上由人类活动而排放的二氧化碳。海洋化学过程是海洋调节地球生态系统的重要途径之一,同时是气候变化影响人类的直接反馈。当今海洋面临着"海水酸化""低氧区扩大""赤潮频发""持久性污染物污染"等严重的环境问题,极大地威胁着海洋生态系统、渔业资源以及人类对海洋资源的开发利用。如何对这些重大环

境问题进行监测、发现其发生发展规律将在很大程度上有助于彻底解决这些海洋环境问题。海洋化学的海上调查,将面临新的挑战和发展相遇。

本书针对海上调查和海水分析进行了详细的描述,分五个章节对海洋调查方法和分析方法进行了汇总,为从事海洋化学研究和海洋调查的教师及学生提供了有益的参考。

目 录 ·Contents

第一章 海洋化学调查简介 …………………………………………… (1)

第二章 海洋化学调查简史 …………………………………………… (9)

第三章 海水盐度 …………………………………………………… (12)

  第一节 海水的特殊性质 ………………………………………… (12)

  第二节 海水化学组成的变迁 …………………………………… (12)

  第三节 海水的元素组成 ………………………………………… (14)

  第四节 海水常量元素组成的恒定性 …………………………… (19)

  第五节 盐度的定义及电导法测定海水盐度 …………………… (20)

第四章 海水中的气体 ……………………………………………… (30)

  第一节 海-气界面的气体交换 ………………………………… (31)

  第二节 溶解氧 …………………………………………………… (33)

  第三节 二氧化碳与碳酸盐体系 ………………………………… (40)

  第四节 海水的酸碱性——pH …………………………………… (42)

  第五节 总碱度 …………………………………………………… (50)

第五章 海水中的营养元素 ………………………………………… (54)

  第一节 氮 ………………………………………………………… (56)

  第二节 磷 ………………………………………………………… (58)

  第三节 硅 ………………………………………………………… (61)

  第四节 营养元素对环境的影响 ………………………………… (63)

  第五节 化学耗氧量 ……………………………………………… (65)

  第六节 海水中活性硅酸盐的测定 ……………………………… (68)

  第七节 海水中活性磷酸盐的测定 ……………………………… (71)

  第八节 海水中亚硝酸盐的测定 ………………………………… (74)

  第九节 海水中硝酸盐的测定 …………………………………… (76)

  第十节 海水中氨、氮的测定 …………………………………… (79)

1

第六章　海洋化学分析技术的进展 ………………………………………（82）

　第一节　CTD 简介 ………………………………………………………（85）

　第二节　Seabird 9plus CTD 参数 …………………………………………（86）

　第三节　CTD 系统的操作步骤 ……………………………………………（89）

　第四节　CTD 数据的处理 …………………………………………………（94）

参考文献 ……………………………………………………………………（97）

第一章 海洋化学调查简介

广袤的海洋,面积为 3.62 亿平方千米,占地球表面积的 70.8%;总体积为 13.45 亿立方千米,约占地球总水量的 97%。其压力变化范围为 $1\sim1.013\ 25\times10^8$ Pa,其温度一般介于 $-2℃\sim30℃$ 之间。海水的平均盐度为 35,其中各组分之间的相互作用与影响是海洋化学研究的基础。

海洋不是一个封闭的纯化学体系,而是一个敞开的、复杂的多相体系。其巨大的二氧化碳体系负责向大气释放或从大气吸收二氧化碳,调控着海水 pH 值以及碳在生物圈、岩石圈、大气圈和海洋圈的流动,海洋与其接壤的大气、陆地相互影响、相互作用,共同构建起我们赖以生存的地球。

海洋化学是研究海洋各部分的化学组成、物质分布、化学性质和化学过程,并研究海洋化学资源在开发利用中所涉及的化学问题,是海洋科学的一个分支。海洋化学是从化学物质的分布变化和运移的角度,来研究海洋中的化学问题的,故有突出的地区性特点。它既研究海洋中各种宏观的化学过程,如不同水团在混合时的化学过程、海洋和大气的物质交换过程、海水和海底之间的化学通量和化学过程等;也研究海洋环境中某一微小区域的化学过程,如表面吸附过程、络合过程、离子对的缔合过程等。从宏观的水体循环过程和混合作用到局部海区的物质化学变化过程,从海洋中存在着所有已知的含量非常之小的天然元素到种类繁多的有机大分子的形成和衰亡过程等,都是海洋化学涉足的领域。

十几年来,随着海洋科学的发展,海洋化学已发展成为海洋科学中的一个独立分支,并与其他海洋科学相互渗透,日益发挥出重要的作用。

化学海洋学是研究海洋各部分的化学组成、物质分布、化学性质和化学过程的科学,是海洋化学的主要组成部分。它一方面研究海洋中各种宏观化学过程,如不同水团在混合时的化学过程、海洋和大气的物质交换过程、海水和海底之间的化学通量和化学过程等;另一方面研究海洋环境中某一微小区域的化学过程,如表面吸附过程、络合过程、离子对的缔合过程等。

　　海洋化学和化学海洋学,二者的研究内容接近,但研究目的稍有差别。化学海洋学用化学的观点、理论和方法来研究海洋;而海洋化学则研究海洋及其相邻环境中所发生的化学过程和变化。

　　海洋化学和化学海洋学都强调实践第一性,以调查作为理论发展的源泉和检验理论的标准。每一种调查方法的改进、每一种新仪器的问世、每一次更高层次的实践活动,都可能带来海洋化学和化学海洋学理论深刻的革命。

　　海洋中的自然现象及其规律是非常复杂的。为了探索和了解海洋的变化规律,必须进行海洋化学调查,以便为海洋资源开发、海洋环境保护、海洋水文预报及其他海洋科学提供依据和基础资料。因此,海洋化学调查是一项重要的基础工作,也是海洋化学研究的一个非常重要的领域。

　　海洋化学调查就是为取得海洋中元素的性质、分布及变化的有代表性的资料的化学手段。它涉及调查方案的设计、样品采集及储存、分析方法以及处理资料手段等方面如表1.1所示。

表 1.1　海洋化学调查的项目及方法

项目	符号	单位	方法	同一水样平行两次测定结果的最大容许误差
氯度	Cl	g/kg	银量滴定法,以荧光黄的钠盐做指示剂	0.02
盐度	S	g/kg	用海水电导盐度计测定海水相对电导求盐度	0.01
溶解氧	DO	O_2 cm^3/dm^3	碘量滴定法 溶解氧分析仪	0.06 cm^3/dm^3
化学耗氧量	COD	Mg O_2/dm^3	碱性高锰酸钾溶液 硫代硫酸钠法	0.01 Mg O_2/dm^3
酸度	pH		pH 计电测法	0.01
总碱度	Alk	mmol/dm^3	过量酸中和,pH 电测法	0.01
活性磷酸盐	PO_4-P	μmol P/dm^3	钼兰光度比色法	0.01
活性硅酸盐	SiO_3-Si	μmol Si/dm^3	硅钼黄或硅钼兰法	0.01

项目	符号	单位	方法	同一水样平行两次测定结果的最大容许误差
亚硝酸盐	NO_2-N	$\mu mol\ N/dm^3$	重氮-偶氮法光度测定	0.01
硝酸盐	NO_3-N	同上	锌-镉还原法光度测定	0.02
氨-氮	NH_4-N	同上	次溴酸钠氧化法	0.02

海洋化学的测试方式有三种,即现场测试、船上实验室测试及陆地实验室测试。

(1)现场测试:在海洋调查区域,使用仪器直接进行测定。现场测定是海洋化学调查中比较可靠的测试方法,能真实地反映海洋环境化学要素的现状。目前仅有盐度、pH、溶解氧等几个要素可以直接进行现场测定。"东方红2"号船上备有从美国进口的 CTD 仪器,可以直接测定海水的温度、盐度、密度、深度等要素。该仪器在 1984 年我国首次南极考察的海洋调查中使用过,取得了大量的 CTD 资料。尽管现场测试简便迅速,但必须指出,现场测试由于技术问题尚未完全解决,还有许多困难,如测试技术不好、灵敏度不高等问题,致使结果不可靠。因此还必须在船上或陆地实验室进行。对现场测试结果,必要时用标准方法进行校正。

(2)船上实验室测试:在目前的海洋化学调查中,用采水器或水泵将水样取到船上,在实验室进行测定,这是目前海洋化学调查的主要工作方式。

(3)陆地实验室测试:当现场测试及船上测试条件不具备,或一些要素测定要求在陆地实验室测定时,则采用陆地实验室测试。这种方式是在船上采集水样,迅速分装,贮存在一个适宜的容器中,然后带到陆地实验室进行测试。这种测试方式,不能全部完成海洋化学调查工作,仅是工作的一部分。

一、海洋化学调查的程序

根据研究目的,确定对某一海区进行调查时,必须首先要制订出一个调查计划,计划要体现调查所必须具备的科学性、完整性,大体包括以下几方面的工作:

(1)航次站位布设计划,根据调查分类和方式,根据各学科的要求,确定采样站位和层次。

(2)确定海水化学调查项目。无论综合性还是学科性调查,必须根据调查目的,科学、完整地在许可的条件下选择海水化学调查有关项目及对准确度的要求。

(3)根据调查项目的要求,提出采样数量,选择适宜的采样器,确定样品的贮

存方法。

（4）测定方法，一般要求选用灵敏度高、重现性好、操作简便、适于批量分析的方法。

（5）海上调查：ⓐ 包括采集样品；ⓑ 分装样品，样品固定；ⓒ 样品分析；ⓓ 分析记录。

（6）资料整理。

资料整理是认识过程的第二步，是综合调查资料，加以整理，属于概念、判断和推理的阶段。

对海上调查所获得的大量资料，必须进行统计整理，才能找出内在的规律。

资料整理步骤有如下几个方面：

① 绘制平面图：可以用等值线来表示，也可以用浓度区域表示。平面图是反映被测组分在平面上的分布变化。

② 绘制断面图、垂直分布图及周日变化图。这些图是反映被测组分在断面上、垂直方向上的分布变化以及周日变化。

③ 单项文字说明：在对绘制的分布图进行分析的基础上，用文字说明被测元素在该区的平面、断面、垂直分布特征及周日变化情况。

④ 单项调查报告：对数项调查结果进行分析，整理写成文字报告。

⑤ 学科调查报告：以单项报告为基础，汇集整理成学科调查报告。

⑥ 综合性调查报告：在各学科报告的基础上，进行必要的统计对比，分析对比，完成综合性调查报告。至此，一项调查任务才基本结束。

二、海水化学要素分布图的绘制

海水化学要素分布图可以把观测的数据转化为直观的图像。把局部的、一时的海况联系起来，便于分析真实的情况。

海水化学要素分布图有垂直分布图、平面分布图、断面分布图和周日变化图等。海水化学要素分布图的绘制方法包括以下几种。

（一）垂直分布图

1. 按下列规定选取比例尺

（1）深度。

100 m 以内	1 cm～5 m
100～200 m 以内	1 cm～10 m

200~1 000 m 以内　　　　　　　　　1 cm～50 m

水深超过 100 m 时,应视具体情况,上、下层可采用不同的比例尺绘制。

(2) 盐度。

$\Delta S \leqslant 2$　　　　　　　　　1 cm～0.10

$1 < \Delta S \leqslant 2$　　　　　　　　1 cm～0.20

$2 < \Delta S \leqslant 5$　　　　　　　　1 cm～0.50

$\Delta S > 5$　　　　　　　　　1 cm～1.00

(ΔS 为各层盐度的最大较差)

(3) 溶解氧。

含量　　　　　　　　　1 cm～0.2 cm³/dm³

饱和度　　　　　　　　　1 cm～2%

(4) pH。　　　　　　　　　1 cm～0.1pH

(5) 碱度。　　　　　　　　　1 cm～0.1 mmol/dm³

(6) 活性硅酸盐。　　　　　　　1 cm～2 μmol/dm³

(7) 活性磷酸盐。　　　　　　　1 cm～0.05 μmol/dm³

(8) 亚硝酸盐。　　　　　　　　1 cm～0.1 μmol/dm³

(9) 硝酸盐。　　　　　　　　　1 cm～0.5 μmol/dm³

(10) 铵盐(包括部分氨基酸)。　　1 cm～0.5 μmol/dm³

(3)～(10) 八项如果变化幅度过大,可将比例尺再缩小一半。

2. 绘图根据上述规定选取比例尺,以纵坐标表示深度,横坐标表示要素值,注明坐标

3. 根据测站各水层的要素值,在坐标纸上标出相应的点,并将这些点连成一条平滑的曲线,即为该测站某化学要素的垂直分布图

注意事项:

(1) 图的布局要合理,排列要整齐。在图的上方填明站号、站位和观测时间。

大同和断面观测站的垂直分布图应按站号的顺序排列,连续观测站则按观测时间的先后排列,为便于比较,各图的坐标应取一致。

(2) 坐标用细笔尖填写,垂直分布曲线用 HB 绘图铅笔画出,并在曲线的末端注明 S,O_2,$O_2\%$,pH,Alk,SiO_3-Si,PO_4-P,NO_2-N,NO_3-N 字样,分别表示盐度、溶解氧含量、溶解氧饱和度、pH、碱度、活性硅酸盐、活性磷酸盐、亚硝酸盐、硝酸盐和铵盐(包括部分氨基酸)的垂直分布曲线。

（3）某测定值如可疑,则在该点上、下层之间按趋势用虚线连接,并将可疑点圈出。

（二）平面分布图与断面分布图

1. 平面分布图的绘制

在统一的空白平面底图(附地形和测站)上,用细笔尖绘出该水层相应的等深线,并在深度较小的一侧画上阴影线。在各测站的右下方,填写某要素在该水层的测定值。根据相邻各站测定值,用内插法绘出某要素的等值线,并在线的中间标出量值。单位列于图名后。

2. 断面分布图的绘制

（1）断面分布图的纵坐标表示深度,横坐标表示距离。断面图可用厘米方格纸或统一的断面图纸(附测站位置)来画。

（2）绘图比例尺:在浅海区,深度一般以 1 cm 代表 5 m,站距以 1 cm 代表 5 nmile 为宜,深海区可按具体情况选取。但同一海区的比例应力求统一。

（3）横轴上,测站位置排列,自左至右表示自西向东,或自北向南。断面接近东西向者按东西向排列,接近南北向则按南北向排列。在断面图上方,横轴末端,应用箭头标出断面方向,如→E。单位列于图名后。

（4）根据报表用细笔尖在图上标出各站位置、各水层和水深,写明横轴上各测站的站号;在断面的首尾站上方注明经纬度;各层的要素值用细笔尖填在相应位置点的右下方;绘出海底廓线,在廓线外侧画阴影线,根据邻近站、层的测定值以内插法用铅笔绘出某要素的等值线,并在线的中间标出量值。

3. 选取等值线间隔的规定

（1）浅海各要素值的等值线间隔规定:

① 盐度:每隔 1 画一条线(如变化小,则隔 0.5 画一条线),逢 5,10,15,… (S)等值线加粗。

② 溶解氧:氧含量每隔 0.4 mg O_2/dm³(偶数)画一条线,以 6.0 为基线,每隔 5 根线(即 2.0,4.0,6.0,8.0,10.0)绘一条粗线。饱和度每隔 4%(偶数)绘一线,以 100 为基线,每隔 4 根线(即 60,80,100,120,140)绘一条粗线。

③ pH:每隔 0.1 绘一条线,以 8.0 为基线,每隔 4 根线(即 7.0,7.5,8.0,8.5)绘一条粗线。

④ 碱度:每隔 0.1 mmol/dm³ 绘一条线,以 2 为基线,每隔 4 根线(即 1.0,1.5,

2.0,2.5)绘一条粗线。

⑤ 活性硅酸盐:每隔 5 μmol Si/dm³ 绘一条线,以 0 为基线,每隔 4 根线(即 0,25,50,75,100,…)绘一条粗线。

⑥ 活性磷酸盐:每隔 0.2 μmol P/dm³ 绘一条线,以 0 为基线,每隔 4 根线(即 0,1.0,2.0,3.0,4.0,…)绘一条粗线。

⑦ 亚硝酸盐:每隔 0.1 μmol N/dm³ 绘一条线,以 0 为基线,每隔 4 根线(即 0,0.5,1.0,1.5,…)绘一条粗线。

⑧ 硝酸盐:每隔 1 μmol N/dm³ 绘一条线(如变化小隔 0.5 μmol N/dm³ 绘一点线),以 0 为基线,每隔 4 根线(即 0,5,10,15,…)绘一条粗线。

⑨ 氨(包括部分氨式酸):同硝酸盐的规定。

(2)深海各要素的等值线间隔可按浅海等值线间隔的规定或缩小一至数倍绘制。

注意事项:

① 绘制平面和断面分布图时,如实测站位与标定站位相差不超过 3 nmile,测定值填在实测站位上,断面分布图上的站距应取实测站距。兼做连续站的大面和断面测站,填图时应该取该站连续观测的平均值。

② 各等值线不能相交、中断或穿过该层等深线及岛屿,遇可疑资料,应查对分析记录表,如确属差错,可不考虑此记录,但须圈出。

③ 等值线通过无记录的空白区时画虚线,如空白区较大,则空白区可不画等值线。

④ 要素的高值区与高值区、低值区与低值区相邻时,其间两条等值线应同值。但高值区与低值区相邻时,其间的两条等值线应相差一间隔。高值区与低值区应分别标上:">"或"<"某值。

⑤ 同一张图上的等值线一般应采用相同间隔,如局部区域变化幅度过大,可采用不同间隔或只绘粗线间隔。

(三)周日变化图

(1)绘图采用横轴表示时间,1 cm 代表 1 h;纵轴表示要素值,除盐度外,比例尺的规定与垂直分布图同。盐度的比例尺为:

$\Delta S \leqslant 6$	1 cm～0.20
$6 < \Delta S \leqslant 15$	1 cm～0.50
$\Delta S > 15$	1 cm～1.0

(ΔS 为盐度的日较差)

（2）在厘米方格纸上标出坐标，将不同时间的各层测定值点在图上，然后以不同线条或彩色铅笔将各层的点子分别连成平滑曲线，于曲线中间标上所属层次的米数，并在图的右上方注明图例。

（3）同一要素各层之间日变化曲线画在同一图上。如某层、某时刻缺记录，则以虚线连接；缺少 3 个以上记录时不可绘。

第二章　海洋化学调查简史

海洋化学作为一门独立学科登上历史舞台的标志性事件是 1873 年英国政府资助下的"挑战者"号首航。

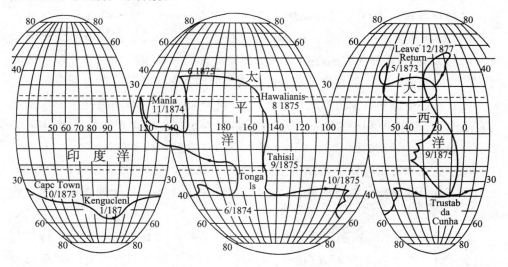

图 2.1　"挑战者"号航线图

1873～1876 年,"挑战者"号航行 127 584 km,获得三大洋约 1.3 万种动植物标本及 1 441 份水样,确定了大西洋中脊和马里亚纳海沟,对世界海洋的温度、洋流、化学组成等的调查开启了海洋化学的研究,是继 15 世纪、16 世纪大发现以来,对这个星球认识的最伟大进步。德国化学家 William Dittmar 其样品主要分析者(被称为第一个真正了解海水化学组成的人),于 1884 年发表了他对"挑战者"号在 1873～1876 年间所采集的 77 个海水样品进行分析的结果,进一步证实了世界大洋海水中各主要溶解成分的含量之间的恒比关系。

"挑战者"号报告问世之后,在当时的科学界掀起一阵狂澜。原来,海洋远不是那么单调和简单,它是一个运动的、到处充满生机的浩瀚水世界,有许多秘密还未

被人所发现。世界各国争相效尤,于是海洋化学调查事业如雨后春笋般发展起来,海洋化学调查进入单船走航调查时期。

1873～1875 年,美国"Tuscarora"号在太平洋中考察了水深、水温、海底沉积物等。

1886～1889 年,俄国"勇士"号在世界航行中调查了中国海、日本海、鄂霍茨克海。

1893～1896 年,挪威人 Nansen Fridtjof 乘"Fram"号在格陵兰、北冰洋作横断闭合调查,发现了死水现象。

海洋营养盐的调查与研究始于 20 世纪二三十年代,探索营养元素氮、磷、硅对海洋生物营养作用及其之间的关系。1923 年,英国人 H·W·哈维和 W·R·G·阿特金斯系统地研究了英吉利海峡的营养盐在海水中的分布和季节变化与水文状况的关系,并研究了它的存在对海水肥度的影响。德国的"流星"号和英国的"发现"号考察船,在 20 年代也分别测定了南大西洋和南大洋的一些海域中某些营养盐的含量。中国学者如伍献文和唐世凤等,曾于 30 年代对海水营养盐的含量进行过观测,后来朱树屏长期研究了海水中营养盐与海洋生物生产力的关系。自 20 世纪初以来,海水营养盐一直是海洋化学调查的一项重要的研究内容。

单船走航调查资料量少,又不同步,对海洋的认识,只能通过少得可怜的数据,加上浮想联翩的想象才能得出,因此,多船联合调查成为海洋化学调查发展的必然趋势。

1950～1958 年,美国加利福尼亚大学斯克里普斯海洋研究所发起并主持了包括北太平洋在内的一系列调查(代号:NORPAC),这次联合调查揭开了一系列大规模多船联合调查的序幕。

20 世纪六七十年代,海洋物理化学分支逐渐成熟,科学家们对海洋环境中的沉淀-溶解作用、氧化-还原作用、酸碱作用、络合平衡作用等各种化学平衡进行了研究。其代表性人物及事件如下:Goldberg 于 1958 年应用稳态原理计算海水中元素的停留时间;瑞典科学家 Sillen 于 1961 年发表海水的物理化学论文;Wallace Broecker 提出箱式模型,并应用于 CO_2 和温室效应研究。

1960～1964 国际印度洋调查(IIOE),由联合国教科文组织发起,共 13 国 36 艘调查船参加,是迄今为止对印度洋规模最大的一次调查。

1963～1965 年国际赤道大西洋合作调查(ICITA)。

1965～1970 年(后又延至 1972 年)黑潮及其毗邻海区合作调查(CSKC)等。

20 世纪七八十年代,进入大洋深海探索阶段,重点关注开阔海洋水体运动、海洋生物活动等相关海洋学过程,调查各大洋营养要素、放射性同位素、痕量金属元素的含量、空间变化及其导向的海洋学信息。其成果包括 Wallace Broecker 出版的 *Tracers in the sea*、J. P. Riley 和 G. Skirrow 出版的 *Chemical Oceanography*、E. D. Goldberg 等出版的 *The Sea* 和 W. Stumm 出版的 *Aquatic Chemistry* 等。

1970 年,前苏联应用几十个资料浮标站,五六艘调查船,在大西洋东部进行代号为多边形(POLYGON)的海洋调查。经过半年多的观测,发现在这个弱流区域内(平均速度为 1 cm/s),存在着速度达到 10 cm/s、空间尺度约为 100 km、时间尺度为几个月的中尺度涡旋。

1973 年 3~6 月间,美、英、法三国的 15 个研究所,利用几十个浮标、六艘调查船和两架飞机组成联合观测网,对北大西洋西部一个弱流海区内,进行了一次代号为 MODE 的大洋动力学实验,发现那里也存在中尺度的涡旋。

1986~1992 年中日黑潮合作调查,对台湾暖流和对马暖流的来源、路径和水文结构等提出了新的见解,对海洋锋、黑潮路径和大弯曲等有了进一步的认识。

1990 年之后,进行了世界大洋范围内的环流调查(WOCE 计划)和热带海洋与全球大气-热带西太平洋海气耦合响应试验(TOGACOARE 调查),旨在了解热带西太平洋"暖池区"通过海气耦合作用对全球气候变化的影响,进而改进和完善全球海洋和大气系统模式。

20 世纪 90 年代至今,重点关注海洋碳循环及其调控机制,探索海洋对全球气候变化的响应及反馈。国际合作计划,如 JGOFS(全球海洋通量联合研究)、LOICZ(海岸带海陆相互作用)、IGBP(全球变化研究计划)、SOLAS(上层海洋-底层大气相互作用研究)、GEOTRACES(海洋痕量元素与同位素生物地球化学循环研究)等已展开实施。

第三章　海水盐度

第一节　海水的特殊性质

海水中含量最多的元素是氢和氧,海水(H_2O)的特殊物理化学性质为生命的诞生和繁衍提供了坚实的物质基础。在元素全球生物地球化学循环中,水既是重要的参加者,又是一种重要的介质。水循环的研究是国际全球变化研究的一个重要组成部分。

与生俱来的高热容量使水成为地球气候和生命的天然卫士。夏季,热量被储存于海洋中;冬季,热量被辐射回大气,使地球保持舒适的气候。

水的密度以 4℃时最高,结冰时冰首先在表层形成,成为下覆水体和大气冷却的屏障,延缓深层水的结冰,保护水中生物免于冻结。

作为优良溶剂的水可溶解多种盐分,盐分的增加导致冰点降低和使水达到最大密度的温度降低。同时,高盐海水拥有较纯水更高的渗透压。渗透压的差异会使水分子跨越半透膜从低盐区向高盐区扩散,只有盐浓度平衡时水的净扩散才会停止。而作为典型的天然半透膜的细胞膜由于生物体液和海水盐度接近,几乎不需要耗费多的能量来维持细微的渗透压差异,生存的空间就这样被进一步拓展了。

第二节　海水化学组成的变迁

一、原始海水的化学组成

自海洋形成时,就进行着蒸发-冷凝构成的水循环。风化的岩石变成碎屑,元素随之溶于水,形成含矿物质的海水。海水中的大多数阳离子组分由此而来。原始海水组成可视为0.3 mol/L的盐酸与岩石接触,溶解 Ca、Mg、K、Na、Fe、Al 等元素,中和后 Fe、Al 等以氢氧化物沉淀,把无机物和有机物沉积到海底。

距今 30 亿年前的海水,其 K 浓度比现代海水高,而 Na 浓度低于现代海水。其原因是玄武岩与盐酸作用生成的黏土矿物,与海水发生 K^+、Na^+、H^+ 的置换反应,K^+ 被黏土矿物吸附,而水中 Na^+ 浓度升高,同时也使海水 pH 值接近于 8。海水变成中性后,大气中的 CO_2 进入海水并开始有 $CaCO_3$ 沉淀形成,Mg^{2+} 也发生共沉淀,使得现代海水中的 Mg、Ca 浓度低于原始海水。

距今几亿年前,海水的化学组成基本恒定下来。其证据为 2 亿～6 亿年前海水的 Sr/Ca 比和主要元素与现代海水相近,寒武纪的沉积物反映的约 20 亿年前海水主要化学组分的浓度则接近于现代海水。

二、现代海水的化学组成

现代海水的化学组成以其元素存在的形态划分为颗粒物质、胶体物质、气体物质和溶解物质。

1. 颗粒物质

粒径大于等于 0.1 μm,由海洋生物碎屑等形成的颗粒有机物和各种矿物所构成的颗粒无机物,如沙、黏土、海洋生物及其残骸等。

2. 胶体物质

粒径介于 0.001～0.1 μm,多糖、蛋白质等构成的胶体有机物和 Fe、Al 等无机胶体。

3. 气体物质

保守性气体如 N_2、Ar、Xe 等和非保守气体如 O_2、CO_2 等。

4. 溶解物质

粒径小于等于 0.001 μm,溶解于海水中的无机离子、分子和小分子量的有机分子,如元素离子、氨基酸、腐殖酸等。

表 3.1　现代海水的化学组成

类别	代表性物质
常量离子	Cl^-,Na^+,Mg^{2+},SO_4^{2-},Ca^{2+},K^+
微量离子	HCO_3^-,Br^-,Sr^{2+},F^-
气体	N_2,O_2,Ar,CO_2,N_2O,$(CH_3)_2S$,H_2S,H_2,CH_4
营养盐	NO_3^-,NO_2^-,NH_4^+,PO_4^{3-},H_4SiO_4

续表

类别	代表性物质
痕量金属	Ni,Li,Fe,Mn,Zn,Pb,Cu,Co,U,Hg
溶解有机物质	氨基酸、腐殖酸
胶体	多糖、蛋白质
颗粒物质	沙、黏土、海洋生物

根据操作性定义,海水过滤中能透过 $0.45~\mu m$ 滤膜的称为溶解物质,其中包含了胶体物质,其他被滤膜截留的称为颗粒物质。

第三节 海水的元素组成

海水中含量最多的元素是水(氢和氧)之外的 Cl、Na、K、Mg、Ca、S、C、F、B、Br 和 Sr,这些被称为常量元素,海水中常量元素占总量的 99% 以上。

海水是电中性的,其 pH 值约为 8,其化学组成主要由元素全球循环原理和全球循环过程中在海洋中发生的五大作用所控制。海水中主要元素组成之比值大体上恒定不变。以其元素组成划分可分为常量元素、微量元素、痕量元素、营养盐、溶解气体和有机物质(如图 3.1 所示)。

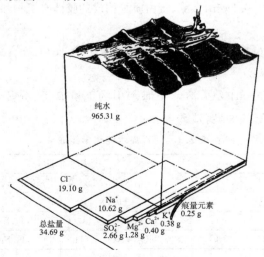

图 3.1 海水的化学组成

一、氯离子

对于大洋水,氯化物与氯度的比值是 0.998 96,总卤化物(以氯化物计)与氯度的比值是 1.000 6。

二、钠离子

钠离子是海水中含量最高的阳离子,1 000 g 海水中平均含有 10.76 g 钠离子。由于化学活性较低,在水体中较为稳定,钠离子也是海洋中逗留时间最长的一种阳离子。

钠离子含量(g/kg)对氯度的平均比值为 0.555 5,陈国珍对南、黄海标准海水的 Na/Cl 比值测定结果平均值为 0.561 6,对黄、渤海和北黄海水样测定的平均值为 0.561 0。

三、硫酸根

海水中硫酸盐的平均含量是 2.71×10^{-3} g/kg,所有大洋水中硫酸根(单位 g/kg)与氯度的比值都极为接近 0.140 0。测定海水硫酸根的基本步骤是生成硫酸钡沉淀,以重量法测定。中国渤海和北黄海的 SO_4^{2-}/Cl^- 比值范围为 0.139 8～0.140 5,平均值为 0.140 3,与大洋值基本相同。

海冰中硫酸根的含量比产生海冰的水中高,北太平洋中由于结冰效应就存在硫酸根明显在冰中富集而在水中降低的现象。

硫酸根离子在缺氧环境中可作为微生物的氧源,一般来说,海洋沉积物只在表层含有氧,表层以下有机质的微生物氧化作用一定伴随着硫酸盐被还原为硫化物。

四、镁离子

海水中镁离子含量约为 1.3 g/kg,是海水阳离子中仅低于钠离子的离子。海水是提取镁的重要资源。

河水中 Mg/Cl 比值较海水中高,在一些受淡水影响的海水中,Mg/Cl 比值略有升高。

五、钙离子

海水中钙离子的平均含量约 0.41 g/kg,它是海水主要成分中阳离子逗留时间

最短的一种元素,其含量变化相当大。

钙与海洋中的生物圈及碳酸盐体系有密切关系。海洋表层水中,生物需摄取钙组成其硬组织,使得钙在表层水中含量相对较低,碳酸钙过饱和;深层海水中,随着上层海水中含钙物质下沉后再溶解,以及压力的影响使碳酸钙溶解度增加,钙相对含量加大,碳酸钙处于不饱和状态。统计方法证明,较深层海水中钙含量比表层水中约高 0.5%。

六、钾离子

海水中钾离子平均含量约为 0.4g/kg,与钙离子含量大致相等。陆地上岩石的风化产物是海水中钾和钠的主要来源。岩石中钠的平均含量略大于钾,风化后的产物进入河流,河水中钾含量为钠的 36%,进入海洋后海水中的钾仅为钠的 3.6%(原因见本章第三节 海水化学组成的变迁)。

七、海水微量元素简介

海水是一个多组分、多相的复杂体系,除水和占所有溶解成分总量的 99.9% 以上的 11 种常量元素之外,海水中含量小于 1 mg/L 的元素都是微量元素。它们广泛参加海洋的生物化学循环和地球化学循环,因而不但存在于海水的一切物理过程、化学过程和生物过程之中,并且参与海洋环境各相界面,包括海水-河水、海水-大气、海水-海底沉积物、海水-悬浮颗粒物、海水-生物体等界面的交换过程。在这些过程中,微量元素的化学反应是十分复杂的。虽然它们从环境输入海水体系的速率和输出到环境中去的速率相当,可是不同的微量元素有不同的输入或输出的速率;微量元素在海水中还有区域分布和垂直分布;它们有一定的存在形式,而且不断通过各相界面迁移。这些方面都是海洋化学的重要的研究内容。

20 世纪 50 年代以前,为了研究海洋生物和发展海洋渔业,曾对碳、氮、磷、硅、铁、锰、铜等营养元素在海水中的含量及其分布,进行过一些调查。人们从 50 年代开始,才对海水微量元素进行地球化学研究。1952 年,T・F・W・巴尔特提出并计算了元素在海水中的逗留时间。1954 年,E・D・戈德堡发表了微量元素从海水向海底沉积物转移的研究结果。1956 年,K・B・克劳斯科普夫对海水中 13 种微量元素的浓度和影响因素,进行了实验室模拟实验。但是早期测定的数据,有一些是不可靠的,只有在 P・G・布鲁尔于 1975 年总结并发表了海水微量元素的含量、可能的化学形式和逗留时间的估算表之后,微量元素的测定,才有一些准确度很高的结果。随后,E·博伊尔和 T·M·埃德蒙于同年提出了判断测定数据是否真实可靠的标准:它们必须具有海洋学的一致性,即海洋中经过相同的物质循环过程的微量元素,应有较好的相关关系,它们在海水中的含量应有类似的分布。例如:铜如果参加生物循环,则它的分布应与参加生物循环的氮、磷或硅等营养元素相类似。

1. 影响分布的过程

微量元素在海水中的分布及其变化,都受其来源和海洋环境中各种过程的影响。这些过程称为控制过程,包括各种化学过程、生物过程、物理过程、地质过程和人类活动等,其中最突出的是生物过程、吸附过程、海-气交换过程、热液过程、海水-沉积物界面交换过程等。

(1)生物过程。海洋生物在生长过程中所需要的全部元素,都来自海水,其中有些元素,如碳、钾、硫等,在海水中的含量,大大超过生物的需要量。另外一些元素,如氮、磷、硅等,则仅能满足生物的需要,而又是海洋生物必不可少的,故通常称为营养元素。浮游生物通过光合作用,从海水中吸收营养元素而放出氧,其残骸在分解过程中消耗氧而释放出所含的营养元素。这种生物过程,控制着营养元素的分布及其变化。

有一些微量元素在海水中的分布,分别与某种营养元素十分相似。例如,铜和镉的分布与氮和磷相似,钡、锌、铬的分布与硅相似,镍的分布介于磷和硅之间。这都说明,生物过程很可能是控制海水中的铜、镉、钡、锌、铬、镍等元素的浓度的因素之一。

(2)吸附过程。悬浮在海水中的黏土矿物、铁和锰的氧化物、腐殖质等颗粒在下沉过程中,大量吸附海水中各种微量元素,将它们带到海底,使它们离开海水而进入沉积物中。这也是影响微量元素在海水中的浓度的因素。

(3)海-气交换过程。有几种微量元素在表层海水中的浓度高,在深层浓度低。例如铅在表层海水中浓度最大,在 1 000 m 以下的海水中,浓度随深度的增加而迅速降低。氢弹爆炸时放出的氚和氡蜕变而得的 ^{210} Pb,在海水中也有类似的垂直分布。这说明表层的铅主要来自大气,因而它在海水中的分布受海-气界面的交换过程所控制。

(4)热液过程。海底地壳内部的热液,常常通过地壳裂缝注入深层的海水中,形成海底热泉,它含有大量的微量元素,因而使附近深海区的海水组成发生很大的变化。例如,1965 年在红海中央裂缝区域深达 2 000 m 的海水中,出现了热盐水,其最深处的温度达到 59.2℃,其中微量元素的组成和一般海水有很大的差异;东太平洋的加拉帕戈斯裂缝,有海底热泉喷射,向海水输送了大量的各种元素,使东太平洋海隆和加拉帕戈斯裂缝附近的观测站处,海水中溶解态的锰的总含量,明显随深度的增加而升高。这些热液的输入过程,很可能是断裂带区域的海水中微量元素组成的一种控制机制。

(5)海水-沉积物界面交换过程。在海洋沉积物间隙水中,钡、锰、铜等微量元素的浓度高于上覆的海水。浓度的差异,促使这些微量元素从间隙水向上覆水中扩散。因此,即便在远离海底热泉的深层海域,这些微量元素的浓度有随深度的增加而升高的垂直分布。

2. 存在形式

要了解微量元素在海洋的沉积循环中的作用,污染物的毒性和在海水中迁移的特性,微量元素的物理化学行为和生物化学循环过程等,就要预先了解这些微量元素在海水中的存在形式。但是这些元素在海水中的含量甚微,很难准确测定各种存在形式的含量,也就难以了解其主要的存在形式。因此,学者们用热力学的计算方法,求出可能存在的主要形式。但是不同学者所用的某些平衡常数,取值不同,使计算结果差别很大。海水中的微量元素主要以无机形式存在(铜例外)。海水中正常浓度范围内的有机物成分,不影响微量元素的主要存在形式。

按照 W·斯图姆和 P·A·布劳纳的分类法,微量金属元素在海水中的存在形态有三类:① 溶解态;② 胶态;③ 悬浮态。溶解态又分成四种形式:① 自由金属离子;② 无机离子对和无机络合物;③ 有机络合物和螯合物;④ 结合在高分子有机物质上。溶解态的前两种形式是微量金属元素的主要形式;后两种在大洋海水中不是主要形式。当近岸或河口海域的海水中的有机物含量高于正常值时,溶解态的后两种形式可能占优势。胶态包括两种形式:① 形成高度分散的胶粒;② 被吸附在胶粒上。悬浮态包括存在于沉淀物、有机颗粒和残骸等悬浮颗粒之中的微量金属元素。呈胶态和悬浮态的微量金属元素,主要存在于近岸和河口海域,在大洋中含量很低。

第四节 海水常量元素组成的恒定性

一、Marcet-Dittmar 恒比规律

1819 年，Marcet 报告了经北冰洋、大西洋、地中海、黑海，波罗的海和中国近海等 14 个水样的观测结果，发现"全世界一切海水水样，都含有相同种类的成分，这些成分之间具有非常接近恒定的比例关系。而这些水样之间只有盐含量总值不同的区别"。1884 年，Dittmar 分析的英国"挑战者"号调查船从世界主要大洋和海区 77 个海水样品结果证实：海水中主要溶解成分的恒比关系，即"尽管各大洋各海区海水的含盐量可能不同，但海水主要溶解成分的含量间有恒定的比值"。

二、海水常量元素组成恒定的原因

海水中常量元素组成恒定的原因是水体在海洋中的移动速率快于加入或迁出元素的化学过程的速率，因为加入或迁出水不会改变海洋中盐的总量，故其常量元素的比例关系没有改变，仅仅是离子浓度和盐度的改变。

常量组分由河流输入海洋的速率远远无法达到海水混合速率，故称其为保守行为。而且常量组分对海域生物过程、地球化学过程不敏感，仅受控于物理过程。恒比定律表明常量组分具有保守性质，并不是说这些组分未经任何化学反应，仅仅是因为它们的浓度大到足以掩盖这些过程的效应。故恒比定律不适用于微量或痕量组分。

三、海水常量组分组成非恒定性的影响因素

（1）河口区：河水输入对区域恒比定律有一定的影响。

（2）缺氧海盆：在细菌的还原作用下，SO_4^{2-} 被还原成 H_2S，通过形成 FeS_2、CuS、ZnS 等沉淀使 S 迁出水体，由此导致海水中 SO_4^{2-}/Cl^- 非常低，偏离恒比定律。

（3）海冰形成：海冰形成时，仅有少量离子结合进入海冰，导致盐卤水常量组分比值偏离恒定比率；SO_4^{2-} 结合进入海冰，导致海冰具有高 SO_4^{2-}/Cl^-，而残余水

的 SO_4^{2-}/Cl^- 较低;海冰形成过程中,$CaCO_3$ 沉淀在海冰中,导致 Ca^{2+}/Cl^- 的变化。

(4)矿物的沉淀与溶解:海洋中文石或方解石的沉淀会导致海水中 Ca^{2+} 浓度减小,而文石或方解石在深层水中的溶解可导致 Ca^{2+} 浓度增加,而影响海水中 Ca^{2+}/Cl^- 的变化。

(5)海底热液的输入:最近对海底热液的研究显示,一些常量组分的浓度也会受其影响。如 Sr、Ca 的浓度增加,Mg、K、B、SO_4^{2-} 的浓度降低。此外,在大西洋海脊处观察到的高 F/Cl 比值,也被归因于海底火山气体的注入。

(6)与盐卤水混合的过程中,不同的矿物是在蒸发的不同阶段形成的,即在不同的时间以不同的速率迁出。

(7)海-气界面的物质交换:通过气泡释放到大气中的离子绝大多数直接或间接地返回海洋。在此过程中,由于气泡会将部分溶解组分和颗粒物质选择性地富集在其表面并离开海洋,导致元素组成发生分流。

(8)沉积物间隙水的影响:沉积物间隙水的一些常量组分与海水明显不同;由于固-液界面分配与温度有关,温度对间隙水的组成有较大影响。因此,受沉积物间隙水影响的水体,其常量组分会发生变化。

第五节　盐度的定义及电导法测定海水盐度

海水盐度是海水中化学物质含量的度量单位,是海水的特征参数,也是研究海洋中许多过程的一个重要标准。海水中许多现象的产生都与盐度的分布变化规律有关,因此研究海水盐度在海洋学上有重要意义。关于海水盐度的测定,自 1899 年第一次国际海洋考察会议倡导研究海水盐度、氯度定义以来,随着海洋科学及电子技术的发展,盐度的定义、公式和测量方法也在不断发展并进行了几次修正。

迄今为止,海水盐度定义的发展大体经历三个阶段,即:(1)原始定义(1902年):以化学方法为基础的氯度盐度定义;(2)盐度新定义(1969年):以电导法测定海水盐度为基础;(3)盐度实用定义:建立了盐度为 35 的固定盐度参考点,重新确立了实用盐度和电导比的关系式。

一、盐度的原始定义

1 kg 海水中,所有碳酸盐转变为氧化物,溴、碘以氯置换,所有的有机物被氧化之后所含全部物质的总克数,单位是 g/kg。按照 Marcet 的海水主要组分的恒比关系原则,结合经典的化学分析方法测定了某一主要成分来计算盐度。实验证明,海水盐度与氯含量之间存在相当好的比例关系。而氯离子可以用硝酸银滴定法准确地测出来,因而可以由氯含量推算盐度。所以又定义了一个新的参数"氯度",并给出氯度和盐度关系式:

$$S = 0.030 + 1.805\ 0 \times Cl \qquad\qquad\qquad \text{(克纽森公式)}$$

根据该公式,只要知道海水氯度值就可以计算出盐度。

二、盐度的新定义(1969 年)

它是基于电导法测定盐度而建立起来的,所以也称电导盐度定义。

在上述氯度定义的基础上,利用海水电导率随盐度改变而改变的性质重新定义了海水盐度,并提出了盐度与氯度的新关系式及盐度和相对电导率的新关系式。

盐度和氯度新关系式:$S = 1.806\ 55Cl$

为了建立盐度和相对电导率的新关系式,在各大洋、波罗的海、黑海、地中海和红海共采集 135 种水样,测定这些样品的氯度和电导值,然后按 $S = 1.806\ 55Cl$ 关系式计算盐度,同时测定水样与 $S = 35.00$ 标准海水在 15℃时的相对电导率(R_{15}),根据盐度和相对电导率用最小二乘法得出如下公式:

$$S = 0.089\ 96 + 28.297\ 2R_{15} + 12.808\ 32R_{15}^2 - 10.678\ 69R_{15}^3 + 5.986\ 24R_{15}^4 - 1.323\ 11R_{15}^5$$

式中,R_{15} 为 15℃时海水电导率与盐度为 35.00 标准海水电导之比,称为相对电导率或电导比。

三、实用盐度的定义

1978 年,重新建立实用盐度和 15℃时相对电导比的新关系式,此式即为实用盐度的函数定义:

$$S = 0.008 - 0.169\ 2R_{15}^{1/2} + 25.385\ 1R_{15} + 14.094\ 1\ R_{15}^{3/2} - 7.026\ 1R_{15}^2 + 2.708\ 1R_{15}^{5/2}\ (15℃)$$

此经验公式是按下述方法建立的,将盐度为 35 的国际标准海水用蒸馏水稀释或蒸发浓缩,在 15℃时测得的相对电导率。

四、海洋盐度的分布

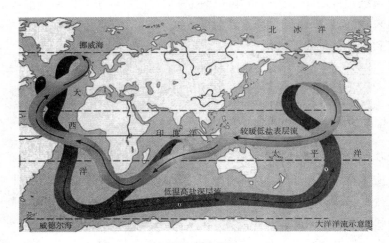

大洋环流示意图

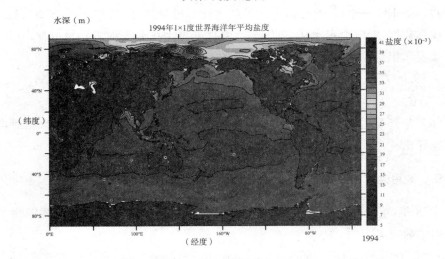

图 3.2　全球表层海水平均盐度分布图(1994)

　　沿岸海域盐度变化很大,主要受控于地表径流和地下水的输入量;而在开阔的大洋,表层水盐度主要受控于蒸发导致的水分损失和降雨导致的水分增加之间的相对平衡。

　　大洋水平均盐度约为 35(34.78),表层水盐度分布由于地理上的差异变化较大,一般近岸较远洋低,寒带较温带低(赤道带表层盐度略微转低)。大西洋盐度较高,常在 36 以上,太平洋一般在 35 左右,北冰洋较低。

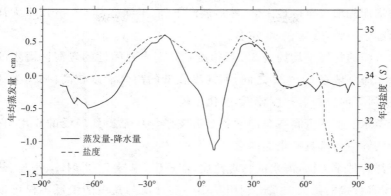

图 3.3　不同纬度区蒸发-降水量差值及表层海水盐度

表层海水盐度受物理过程的影响:结冰导致盐度增加;降雨、河流输入、融冰导致盐度降低;不同纬度的蒸发量和降水量不同,影响盐度随纬度的变化而变化。

不同海区的盐度垂直分布也呈现较大差异性。

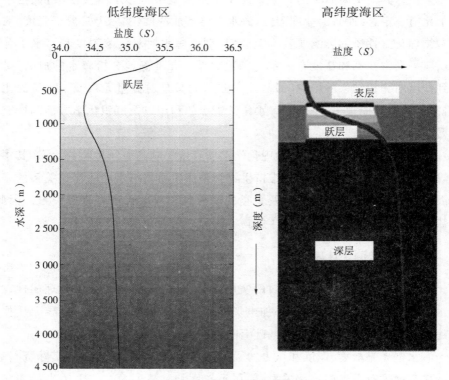

图 3.4　不同海区的盐度垂直分布图

在垂直分布上,寒带海洋水盐度一般随着深度的增加而逐渐增大;在热带,随着深度的增加先增大至一最大值,然后逐渐下降,至深度 1 000 m 以下大洋各处之盐度逐渐趋于一致,普遍在 35 左右。

中国近海的盐度平均约为 32.1,纬度较高而半封闭性的渤海区海水的盐度较低,黄海、东海一般在 31~32 之间,而纬度较低的南海盐度较高,平均为 35 左右。在长江、黄河等河口海区盐度较低,变化也较大。

关于海水盐度的资料在海洋学各个分支学科中都得到广泛的应用,它对于理论研究和实际应用都具有很大的意义。

在海洋物理学方面,海水的物理性质(如密度、电导率、折射率、声速、热学性质等)与盐度有直接的函数关系。利用其中一些性质与盐度的关系不仅可以建立测定盐度的方法,而且通过盐度可以对这些物理量进行测算。此外,利用温度-盐度曲线可以划分水团及确定水团互相混合的情况。

在海洋化学方面,由于海水主要元素之间存在一定的恒比关系,因此可以利用盐度来估计其他主要离子的含量。海水虽然是复杂得多电解质溶液,但由于主要离子比值一定,因而只要盐度固定,海水中电解质浓度(实际上是离子强度)对海水许多物理化学性质的影响便基本上固定,例如海水对氧的溶解度和海水中各种化学反应平衡常数都和盐度有一定的函数关系。要准确地分析海水的成分,必须考虑到盐度对分析结果的影响(即盐度误差),尤其是对微量元素及 pH 值的比色测定,盐度误差可能很大。此外,海水化学资源的利用以及沉积化学方面的研究也都需要盐度的资料。

在海洋生物方面,海水的物理化学性质直接影响到海洋生物的生态,其中与海水渗透压有直接关系的盐度是维持生物细胞原生质与海水之间渗透关系的一项重要因素。各种海洋水产的繁殖及鱼类的洄游也和盐度大小有直接关系。因此,海水盐度的分布变化资料对于海洋生物学研究也是极重要的。

五、电导法测定盐度

海水电导是测定盐度最有效的实用参量,是海水的一个重要物理属性。它是海水中溶解盐类正、负离子在外加电场作用下定向运动的结果。电导测盐技术正是建立在海水这种物理属性的基础上的。

海水电导是盐度、温度和压力的函数,$L = f(S, T, p)$。已有的实际资料表明,电导率与盐度有粗略的比例关系,要得到盐度测定精度为 0.001 9,电导率测量则必须达到 1/40 000,而电导随温度变化 0.001℃,产生 1/40 000 的变化。可见进行海水电导测定时一个关键问题是温度控制。压力影响较小,在实验室测定可以忽略不计。

目前,测量盐度常用的仪器是 SYA2-2 型实验室盐度计。

SYA2-2 型实验室盐度计由电导池、水槽、信号源、测量电路 A/D 转换、计算机、显示器、打印机、气泵、搅拌器电源等部分组成。其技术指标如下:

图 3.5 SYA2-2 盐度计

1. 盐度

测量范围:2～42;

分辨率:0.000 6;

精密度:0.001;

准确度:±0.005(36～30 范围内,优于±0.003)。

2. 温度

测量范围:5℃～35℃;

准确度:±0.1。

3. 其他

(1) 测值输入形式:数字显示并打印盐度;

(2) 水样消耗:40 mL;

(3) 测水样温度:每隔 3 min 测量一次水样;

(4) 使用环境条件:工作温度 5℃～35℃,相对湿度<90%;

(5) 电源:220 V±10%;

(6) 体积:49 cm×34.8 cm×23 cm;

(7) 质量:19.5 kg。

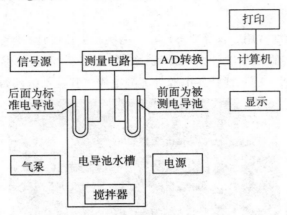

图 3.6　仪器示意方框图

　　盐度测量主要是由两个电导池中的各一对铂电极和测量电路实现的。两个电导池,一个注入标准海水,一个注入待测水样。将电极接入测量电路,电路的传输系数为盐度的函数,通过计算机对函数进行计算,即可得到水样盐度值。

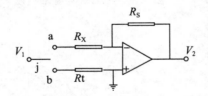

图 3.7　测温测盐示意图

式中,R_S 为标准电导池海水等效电阻;R_X 为被测水样电导池海水等效电阻;R_t 为固定精密线绕电阻;V_i 为测量电路输入电压;V_o 为测量电路输出电压。

　　(一)　测温

　　温度测量是用标准电导池中标准海水的等效电阻 R_S 作为感温组件。再配以固定电阻 R_t 即可完成海水温度的测量。用这种测温电路是基于两点:一是盐度35、温度 15℃时的电导率与其他温度时的电导率比为已知。二是两电导池处于同一个水槽内且相距很近。经搅拌水槽温场平衡后两电导池中海水温度的差异可以忽略。如果测出了标准海水的温度值也就测出了待测水样的温度值,即 R_X 的温度值。

当测量温度时将图 3.7 中的开关 j 置于 b 的位置。根据图 3.7 的工作原理和 1978 年新盐标的定义可导出测温公式为：

$$A_T = V_o/V_i \cdot [c_{S,15}/c_{35,15} + b(t-15)] \tag{1}$$

$$r(T) = (V_i/V_o) \cdot (A_T/R_{15}) \tag{2}$$

$$T = f[r(T)] \tag{3}$$

式中，A_T——测温时的定标常数；

B——常数；

$R_{15} = c_{S,15}/c_{35,15}$，标准海水瓶上的定标参数；

T——温度定标时，标准海水的温度；

$r(T) = c_{S,15}/c_{35,15}$

T——测量的标准海水的温度（即 R_t 的温度）。

公式（1）中的 A_T 值，在仪器出厂前确定好并存入计算机，计算机可根据式（2）和（3），计算出水温 T。

（二）测盐

（1）先进行测盐定标，求出测盐定标常数。将图 3.7 中的开关 j 置于 a，两电导池注入标准海水。根据图 3.7 工作原理，两电导池常数之比为：

$$V_o'/V_i = K_S/K_x = A$$

式中，V_o'——盐度定标时，测量电路的输出电压；

K_S——标准电导池常数；

K_x——被测水样电导池常数；

A——测盐定标常数。

（2）将测量电导池注入待测海水，根据 3.7 的工作原理：

$$R_T = (V_o'/V_i \cdot A) \times (c_{S,t}/c_{35,t})$$

式中，R_T——盐度 35 与被测海水在任意温度下的电导率之比；

V_o——测盐时测量电路的输出电压；

$c_{S,t}/c_{35,t}$——盐度 35 与标准海水在任意温度下的电导率之比。

因为盐度是 R_T 和 t 的函数，所以只要再测出 R_T 的温度即可根据 1978 年新盐标的公式求出水样的盐度值。

$$S = f(R_T \cdot t)$$

(三) 测量步骤

1. 准备

(1) 经顶上水槽进水孔注满自来水(冬季 1～2 月换一次,夏季半月换一次)。

(2) 插好电源线。

(3) 打开电源开关(该开关在后面板上),控制板进行自测试。如果自检正常,闪耀显示 P。如果自检错误,仪器报警,应立即关机。

(4) 按动搅拌(STIR)开关调整搅拌速度(STIR　SPEED)旋钮,直到使水槽中水搅拌起水花为止。通电稳定 15 min。

(5) 拉出"水样瓶架",接通进水管。

(6) 取标准海水和待测水样,放在水样瓶架上,准备向电导池注入标准海水。

2. 定标

(1) 将标准海水注入两电导池内:

① 将标准海水水管插入左侧面板上的"标准"孔内,将标准(STD)的两个开关旋转 90°,按下气泵(PUMP)开关,用手指按住储水池气孔,将标准海水注入标准电导池内(注意要使电导池内无气泡),然后将标准(STD)两开关旋转复位,按下气泵(PUMP)开关,气泵停止抽气。

② 再将标准海水水管插入"水样进水孔"内,将样品(SAMPLE)开关旋转 90°,按下气泵开关,用手指按住储水池气孔,将标准海水注入样品电导池内,然后将样品开关旋转复位,关闭气泵。

①,②步骤重复两次即可。

(2) 置入 R_{15},按动 R_{15} 键,显示器上显示 H—1.000 00 值。按动数字键,使 R_{15} 显示值。如置错数字,可按退格键进行更改。

(3) 监视输出电压:按"V"键监视测量电路的输出电压,电压稳定时表示电导池内海水温度与槽温度达到平衡。

(4) 测温电路电压稳定后,将工作选择开关置于测温"T"位置,然后按测温(T. MST)键,20 s 后即可显示出温度值。

(5) 定标测温后,将工作选择开关置于测盐位置,按定标(CAL)键,仪器进行盐度定标。20 s 后,显示出标准海水的盐度值。如果显示不对,可按 R_{15} 键检查 R_{15} 值。这时将 K 值抄写下来以备下次开机使用。

(6) 测盐:按测盐键(S. MST),显示器显示标准海水的盐度值。

（7）如果 f 步骤中显示值不同于 e 步骤中的盐度值时,可重复上述两个步骤,直到显示出盐度相同为止。一般相差±0.001 即可。

3. 测样品海水

（1）将待测水样水管插入"水样进水孔"内,将样品（SAMPLE）开关旋转 90°,其后按"定标"的 a(1),b,c,f 的步骤进行。

（2）打印:按打印（PRINT）键完成打印操作（注:打印的同时完成资料的存储）。

（3）待全部水样测完后,两个电导池内应注入蒸馏水。

（4）关闭电源,推进水样瓶架。

（四）注意事项

（1）每次使用后,关闭电源,拔下插头。

（2）应及时用蒸馏水冲洗两个电导池,并注满蒸馏水。

（3）若所测水样不够清洁,请通过带有砂心的漏斗过滤注入水样。

（4）保持电导池水浴单元的清洁和干燥,以免造成锈蚀及接电端漏电。

（5）长时间不用时,应每星期通一次电,水浴中换一次蒸馏水。

第四章　海水中的气体

海水中除含有大量的无机物和有机物以外,还溶解一些气体,如 O_2、CO_2、N_2 等。研究这些溶解气体的来源和分布对了解海洋中各种物理和化学过程起着重要作用。惰性气体和 N_2 通常被视为非活性气体或保守气体。由于其化学性质比较稳定,它们在海洋中的分布主要受物理过程以及温度、盐度对其溶解度的影响控制,可根据其分布了解水体的物理过程。海洋中的活性气体,如 O_2、CO_2 等,同时受物理过程和生物过程的影响。借助于对非活性气体分布与地球化学行为的了解,将有助于区分海洋中的物理过程和生物过程。

气体全面参与了海洋地球生物化学循环,在海水中的溶解度一般随分子量的增加而增大(CO_2 例外),随温度的升高而降低;气体在海水中的溶解度一般小于其在淡水中的溶解度;海水中气体浓度超过与大气平衡时的浓度,称为过饱和,二者相等则为饱和,否则称为不饱和。

表 4.1　海水中气体的溶解度(气体分压为 101.325 kPa)

气体	分子量	溶解度(cm^3/dm^3)		大气中的浓度(mg/kg)	0℃与大气平衡时海水中气体的浓度($cm^3/dm^3 \times 10^{-6}$)
		0℃	24℃		
He	4	8.0	6.9	5	40
Ne	20	9.4	8.1	18	170
N_2	28	18	12	780 000	140 000 000
O_2	32	42	26	210 000	8 800 000
Ar	40	39	23	9 000	360 000
CO_2	44	1 460	720	320	470 000
Kr	84	71	43	1.1	8.1
Xe	131	136	70	0.09	12

海洋有机物的生物地球化学循环在很大程度上受控于光合作用与代谢作用之

间的平衡。除生物光合作用产生的 O_2 外,大气中 O_2 的溶解也会向海洋表层水提供 O_2,表层水溶解 O_2 能力的强弱对于深海中的生命具有重要影响。CO_2 等气体会通过海面进行海-气交换,海洋吸收 CO_2 的能力将直接影响全球气候。而另外一些气体在海-气界面的交换将有可能影响臭氧层。

第一节　海-气界面的气体交换

Broecker 和 Peng(1982)提出海-气交换的薄膜模型,即"Thin-film module"。假定海洋上方的大气充分混合,上层海水也充分混合(混合层),大气与海水以一层"静止"的水薄膜隔开,气体可通过分子扩散穿过此薄膜。

至此,影响海-气界面气体交换的因素可归结为薄膜层的厚度(z)、气体分子在海水中的扩散速率(D_A)和薄膜层顶部和底部气体浓度的差异(即薄膜中气体分子的浓度梯度 $d[A]/dz$)。

在未达到平衡的状态下,气体分子的净扩散通量(F_A)正比于薄膜中气体分子的浓度梯度($d[A]/dz$)

$$F_A = D_A \frac{d[A]}{dz} = D_A \frac{[A(aq)]_{top} - [A(ap)]_{bottom}}{z}$$

式中,z 为薄膜厚度,D_A 为分子扩散系数,浓度梯度由薄膜层顶部和底部的浓度差估算。薄膜层顶部气体的浓度以气体的大气分压表示,薄膜层底部气体浓度等于混合层浓度。

薄膜层越厚,气体分子在薄膜层中运动的时间越长,气体交换速率越慢;水体温度越高,气体分子运动越快;浓度梯度越大,气体扩散输送越快。

一、薄膜层厚度的影响因素

薄膜层厚度一般介于 $10 \sim 60\ \mu m$ 之间。受风速和海洋微表层的影响,风速越大,微表层越薄;此外,风速的增加通过增加海-气界面的表面积或导致气泡的注入而增加交换通量。

海洋微表层是一层富含溶解有机物的水层,其厚度一般介于 $50 \sim 100\ \mu m$ 之间。其对海-气界面气体交换通量的影响是比较复杂的。一方面,微表层会增加薄膜层的厚度,减少部分气体的交换通量;另一方面由于微表层富集溶解有机物,它们会通过光化学氧化作用产生一些气体,如 CO、DMS、Br_2 等,从而增加这些气体从海洋往大气的输送量。海洋微表层的分布呈斑块状,在海浪的破碎作用下,微表层会消失。

二、气体分子的扩散系数与活塞速率

气体分子的扩散系数一般介于 $1×10^{-5} \sim 4×10^{-5}$ cm^2/s 之间,随温度的增加和分子量的降低而增加。

表 4.2　不同气体的分子量及其分子扩散系数

气体	分子量	分子扩散系数($×10^{-5}$ cm^2/s)	
		0℃	24℃
H_2	2	2.0	4.9
He	4	3.0	5.8
Ne	20	1.4	2.8
N_2	28	1.1	2.1
O_2	32	1.2	2.3
Ar	40	0.8	1.5
CO_2	44	1.0	1.9
N_2O	44	1.0	2.0
Kr	84	0.7	1.4
Xe	131	0.7	1.4
Rn	222	0.7	1.4

活塞速率是气体跨越海-气界面的速率,以分子扩散系数与薄膜层厚度的比值来表示(D_A/z),单位为 cm/s,代表某一水柱中气体通过该水柱的速率。

海洋中,气体分子的平均扩散系数和薄膜层厚度分别约为 $2×10^{-5}$ cm^2/s 和 $40\ \mu m$,活塞的平均速率约为 $5×10^{-3}$ cm/s 或 4 m/d,即每天通过海表面的气体数量约为 4 m 高水柱中的气体。

活塞速率可用以计算海水和大气中气体达到平衡所需时间,以海洋混合层深度 20~100 m 计,活塞速率 4 m/d,则混合层和大气中气体达到平衡所需时间一般为 5~25 天。

第二节　溶解氧

溶解氧是海洋学中研究得最早、最广泛的一种气体,它在深海中的分布与海水运动有关。研究海洋中的含氧量在时间和空间上的分布,不仅可以用来研究大洋各个深度上生物生存的条件,而且可以用来了解海洋环流的情况。在许多情况下,含氧量的特征是从表面下沉的海水的"年龄"的鲜明标志,由此还可能确定出各个深度上的海水与表层水之间的关系。

海水中的溶解氧和海中动、植物的生长有密切关系,它的分布特征又是海水运动的一个重要的间接标志。因此,溶解氧的含量及其分布变化与温度、盐度和密度一样,是海洋的水文特征之一。

海水中溶解氧的一个主要来源是当海水中的氧未达到饱和时,从大气溶入的氧;另一来源是海水中植物通过光合作用所放出的氧。这两种来源仅限于在距海面 $100 \sim 200$ 米厚的真光层中进行。在一般情况下,表层海水中的含氧量趋向于与大气中的氧达到平衡,而氧在海水中的溶解度又取决于温度、盐度和压力。当海水的温度升高、盐度增加和压力减小时,溶解度减小,含氧量也就减小。

海水中溶解氧的含量变动较大,一般在 $0 \sim 10 \mathrm{~mL/dm^3}$ 范围内。其垂直分布并不均匀,在海洋的表层和近表层含氧量最丰富,通常接近或达到饱和;在光合作用强烈的海区,近表层会出现高达 125% 的过饱和状态。但在一般外海中,最小含氧量一般出现在海洋的中层。这是因为:一方面,生物的呼吸及海水中无机物和有机物的分解氧化而消耗了部分氧;另一方面,海流补充的氧也不多,从而导致中层含氧量最小。深层温度低,氧化强度减弱以及海水的补充,含氧量有所增加。

除了波浪能将气泡带入海洋表层和近表层,进行气体直接交换外,海水中溶解氧还会参与生物过程。例如生物的呼吸作用、微生物氧化要消耗氧,而生物同化作用又释放氧,因此,溶解氧被认为是水体的非保守组分,并且成为迄今最常被测定的组分(除温度和盐度外)。

一、溶解氧的测定方法简介

海水中溶解氧的测定方法主要分为容量法、电化学分析法及光度法、色谱法

等。自从温克勒法(Winkler)用于海水分析,大大简化了溶解氧测定的步骤,促进了海水中氧的研究和大量调查工作的开展。由于此法简便、易于掌握,不需要复杂的仪器设备,一直被认为是测定海水中溶解氧最准确的方法。所以至今仍为海洋调查的标准方法而被广泛使用。

此外,还有电化学分析方法中的电流滴定法、极谱法等。在此方法基础上,产生了现场溶解氧探测仪,可以直接进行自动连续测定,不需要采样和固定水样。分光光度法测定氧,也是在温克勒法(Winkler)的基础上,用光度法测定淀粉-碘的蓝色络合物,或不加淀粉,仅测定游离 I_2。这些方法仅适用于溶解氧含量范围为 0.1 ~0.001 mL/L 的水样。

二、温克勒法原理

温克勒法是于 1988 年被提出的。其具体操作如下:向一定水样中加入固定剂 $MnSO_4$ 和碱性碘化钾($KI+NaOH$),则形成 $Mn(OH)_2$ 沉淀。水样中的氧继续将 $Mn(OH)_2$ 氧化为 $Mn(OH)_3$ 或 $MnO(OH)_2$。然后加入酸,则 $Mn(OH)_3$ 或 $MnO(OH)_2$ 氧化碘化钾,生成游离碘,再用 $Na_2S_2O_3$ 标准溶液滴定游离碘。根据 $Na_2S_2O_3$ 溶液的用量计算水样中氧的含量。

由此,溶解氧的分析大体可分为以下三步:① 取样及样品中氧的固定;② 酸化,将溶解氧定量转化为游离碘;③ 用硫代硫酸钠溶液滴定游离碘,求出溶解氧的含量。具体反应如下。

1. 样品固定

取样后,立即加入固定剂 $MnSO_4$ 和 $KI-NaOH$,二价锰离子与碱反应生成白色氢氧化锰沉淀,而二价锰在碱性介质中不稳定,很容易被氧化,定量生成高价氢氧化锰沉淀,反应如下:

$$Mn^{2+}+2OH^- \longrightarrow Mn(OH)_2 \downarrow (白色)$$
$$2Mn(OH)_2+1/2O_2+H_2O \longrightarrow 2Mn(OH)_3 \downarrow (棕色)$$
$$或\ Mn(OH)_2+1/2O_2 \longrightarrow MnO(OH_2) \downarrow$$

2. 酸化

于固定的水样中加入酸,沉淀在 pH 值 1~2.5 的范围内溶解。在酸性介质中,高价锰离子是一种强氧化剂,它可以将碘离子氧化为游离碘。碘与溶液中碘离子形成络合物,抑制游离碘的挥发。反应式如下:

$$2Mn(OH)_3 + 6H^+ + 2I^- \longrightarrow 2Mn^{2+} + 6H_2O + I_2$$

$$MnO(OH_2) + 4H^+ + 2I^- \longrightarrow Mn^{2+} + 3H_2O + I_2$$

$$I_2 + I^- \rightleftharpoons I_3^-$$

3. 滴定 I_2

用 $Na_2S_2O_3$ 滴定游离碘，则 I_2 被还原成 I^-，而 $S_2O_3^{2-}$ 被氧化成连四硫酸盐 $S_4O_6^{2-}$，反应式如下：

$$I_3^- + 2S_2O_3^{2-} \longrightarrow 3I^- + S_4O_6^{2-}$$

三、温克勒法测定

1. 取样及固定

取样及固定是海水溶解氧测定的重要一环，此步的操作情况对结果具有很大的影响。

(1) 样品瓶：

分装溶解氧的样品瓶要求使用棕色的密封性能好的细口瓶。为了便于装取水样，瓶塞底要求是尖形的。目前常用的样品瓶主要有两种：

一种是用称量法预先测知样品瓶的体积，要求准确到 0.1%。这种样品瓶是我国目前海洋调查所采用的，体积在 125 mL 左右。其优点是：① 试剂直接加入样品瓶中。② 滴定整个样品。③ 用硫代硫酸钠溶液滴定样品时，使用 15 mL 的半微量溶解氧滴定管即可，并且避免了移液操作。其缺点是每次分析时，必须计算样品体积，这在处理大批水样时，就不方便了——可事先测定每个样品瓶的体积，并编号备用。

第二种样品瓶是 250 mL 左右，加入试剂后，准确量取一定体积的水样进行滴定。其优点是：不需要知道样品体积；每次移取固定体积的水样滴定，计算方便；可以进行多次滴定。这种瓶受外界影响较大。

(2) 取样及固定：

影响溶解氧含量的因素很多，主要有以下几种。

① 氧的溶解度和温度压力有关。当水样被提到水面时，压力减小，温度升高，造成溶解氧的溶解度减小，溶解在水样中的氧容易逸出，造成溶解氧的损失。

② 海水中存在有机物和细菌，短时间内可造成溶解氧在水样内部的变化。

③ 生物的光合作用使氧的含量增加。

④ 水样在与采水器接触过程中,由于金属被腐蚀,致使氧的含量降低。

$$2(Cu,Zn)+O_2+4HCO_3^- =\!=\!= 2(Cu,Zn)^{2+}+4CO_3^{2-}+2H_2O$$

由于以上原因,在采水器采上水样后,应该立即分装溶解氧的水样并迅速加入固定剂。

为了尽量避免造成溶解氧的变化,需特定操作。在采样时,应严格按下述步骤进行:

① 溶解氧的水样是第一个分装的。

② 分装水样时,采水器上采样橡皮管中的气泡应全部赶尽,且分样管应插入样品瓶的底部,并放入少量海水洗涤样品瓶。

③ 装水过程中,取样管仍需插入样品瓶底部,使海水慢慢注入样品瓶中,避免产生气泡,不能振动和摇动瓶子,样品水流在瓶中不应产生大量涡流以免进入大气中的氧。在瓶子充满的最后阶段,将管嘴缓慢收起,最后让水样溢出瓶口。

④ 此时,不能马上盖盖,应快速用简便的自动移液管加入固定剂,然后盖上塞子。加入固定剂的速度要快。

⑤ 盖上塞子后,为了使样品中的氧固定完全,应反复震荡使固定剂与氧充分反应;

⑥ 加入固定剂的样品应放在暗处并避免温度变化,以免由于样品体积的变化引入大气中的氧。这样,加入了固定剂的水样可保存 $10\sim12$ h。

⑦ 为避免氧在采水器中的损失,应使用塑料(或塑料内衬的)采水器。

2. 样品的滴定

(1) 沉淀溶解。

当瓶中沉淀下降至瓶的 1/2 高度后,打开瓶塞迅速加入 1∶1 的硫酸 1 mL,盖上瓶塞摇动使沉淀溶解。

(2) 滴定。

将沉淀溶解的水样迅速倒入三角瓶中,立即用硫代硫酸钠溶液滴定。以淀粉为指示剂,滴到溶液变为浅黄色时,加入 0.5% 的淀粉 1 mL,继续滴定至终点由蓝色变为无色,然后将溶液倒入样品瓶中,将遗留在样品瓶中的少量碘洗下来,倒回三角瓶,继续滴定至无色。

(3) 指示剂。

淀粉指示剂在水溶液中由于微生物的水解作用减低了灵敏度,所以淀粉必须现用现配,而且指示剂的加入必须在接近终点时加入,这是因为淀粉只有在较稀的

溶液中和 I_2 形成蓝色络合物才是可逆的。

3. 空白测定

测定时往水样中加入的试剂均有溶解氧,因此必须进行空白校正。

平行取海水或自来水三份,在第一个瓶中加入一份固定剂,第二个瓶中加入两份,第三个瓶中加入三份。按上述方法固定,溶解,滴定。计算出溶解氧的含量,多加固定剂的水样必须进行体积校正,将测得结果对加入试剂体积做图,直线斜率即为试剂空白。若是一条平行于横轴的直线,说明没有明显的试剂空白,若试剂空白大于 0.1 mL/L,应重新配制试剂。

4. 硫代硫酸钠溶液的标定

溶解氧测定标准,不是使用标准氧含量的水,而是使用一些基准物质标定标定硫代硫酸钠的浓度,从后计算出氧的含量。

常用的基准物质有 KIO_3 和 $K_2Cr_2O_7$。由于所用的基准物质不同,所测氧的结果也有差别。我国海洋调查规范用的是碘酸钾。当用碘酸钾标定硫代硫酸钠时的操作步骤如下:

用海水移液管取 1.667×10^{-3} mol/L 的标准碘酸钾溶液 15 mL,注入 250 mL 三角瓶中,用洗瓶吹洗瓶壁,加入 0.6 g 固体 KI,再用自动移液管加入 2 mL 2 mol/L的硫酸。摇匀后,盖上表面皿,在暗处放置 2 min。然后沿壁加入 50 mL 蒸馏水,接着用 0.01 mol/L 的硫代硫酸钠溶液滴定,待溶液变成浅黄色时,加入 1 mL 0.5%的淀粉指示剂。继续滴定至蓝色刚刚消失,记下滴定的体积。同法滴定三次,每次滴定读数之差不大于 0.02 mL,反应式如下:

$$KIO_3+5KI+3H_2SO_4 = 3I_2+3H_2O+3K_2SO_4$$
$$I_2+2Na_2S_2O_3 = Na_2S_4O_6+2NaI$$

一般不用 $K_2Cr_2O_7$ 做标准溶液,因为其要求的酸度较高,会导致碘化物的光氧化产生较大误差。KIO_3 要求的酸度低即可反应。

四、温克勒法的结果计算

由反应方程式可知 $S_2O_3^{2-}$ 和 O_2 之间的关系如下:$2S_2O_3^{2-} = I_2 = 1/2\ O_2$。即 1 mol 硫代硫酸钠相当于 1/4 mol 氧气,则标准状态下氧的含量用 mL O_2/L 表示时,计算公式如下:

$$O_2(mL/L)=\frac{M_2\times V_1}{V-2}\times\frac{22.4}{4}\times1\,000=\frac{M_1\times V_1}{V-2}\times5\,600$$

式中,V_1 为滴定水样时消耗 $Na_2S_2O_3$ 溶液的体积;M_1 为 $Na_2S_2O_3$ 溶液的摩尔浓度;$(V-2)$ 为水样体积减去 2 mL 固定剂体积;22.4 为每摩尔氧分子在标准状态下的体积。

在进行海洋调查时,为了计算方便,通常可以将上式简化,令 $M=\dfrac{5\ 600}{V-2}$。此参数已预先测好,计算每个溶解氧瓶的 M 值,列成表,按下式计算:

$$O_2(mol/L)=V_1 \times M_1 \times M$$

则氧的饱和度可按式计算:

$$氧的饱和度=(O_2/O_2')\times 100\%$$

式中,O_2 为样品中溶解氧的含量;O_2' 为所在温度、盐度和压力下氧的溶解度。

五、温克勒法的准确度及注意事项

水样在近饱和的情况下,使用此法所得结果,准确度大致为 0.02 mol/L。其相对误差为 2%~3%。

溶解氧固定后,如不能立即进行滴定,可以暂时搁置,但不可超出 24 h。

新配制的硫代硫酸钠溶液,其浓度需经 14 天左右才会稳定,在此期间需天天标定它的浓度,确信浓度不再改变时,标定的次数可酌情减少(两天一次)。

浓硫酸中常含有少量 NO_2 杂质,因 NO_2 和 I^- 会发生下列反应:

$$NO_2+2I^-+2H^+ \Longrightarrow NO+I_2+H_2O$$

这将使测定结果偏高。另外,浓硫酸也可能由于有机物(如尘埃或橡皮)的作用而产生 SO_2 杂质,I_2 在测定过程将被 SO_2 还原而使结果偏低。如浓硫酸中含有以上杂质,可将其加热至冒白烟以除去这些杂质。

注意控制滴定终点,当溶液的蓝色刚刚消失即为终点。滴定速度不可太慢,否则终点变色不敏锐。滴定终点应由蓝色变为无色,不应呈紫色。如终点变化不灵敏,淀粉溶液必须重新配制。如海水浑浊,可用三角瓶盛同样条件下的海水做参比液。同一水样的两次分析结果,其偏差应小于 0.06 mL/L。

六、温克勒法的误差来源

温克勒法测定海水中溶解氧误差,主要来自取样固定和碘量法两个方面。

1. 采样和固定误差

由于影响溶解氧含量因素很多,所以规定了溶解氧的特殊操作。若取样和固定操作不正确,将给分析结果带来严重误差。

2. 碘量法中的误差

(1) 碘的挥发。

滴定和标定过程中都存在 I_2,而 I_2 又易于挥发而产生误差。影响碘挥发的因素,有下列三方面:

① 碘的浓度;

② 碘离子的浓度;

③ 温度。

a. 在 0℃~30℃范围内,每增加 10℃,碘的蒸汽压增加 2.5 倍,超过这个范围增加得更快。在实验室温度不同的情况下,碘的挥发程度是不同的,因此必然造成误差。此法测定水中溶解氧,分析结果偏低,碘的挥发是其中原因之一。

b. 为了减少碘的挥发误差,可以在溶液中加入过量碘离子,使 I_2 和 I^- 形成络合物,减少游离 I_2 的浓度,防止碘挥发。因此,应加大 KI 的用量,使之形成 I_3^- 而减小挥发($I_2 + I^- \Longrightarrow I_3^-$)。

c. 用硫代硫酸钠滴定时,反应向左移动,直至被硫代硫酸钠定量滴定。为了减少碘的挥发,也可以减少碘的浓度,在游离出碘以后,加入蒸馏水稀释。

d. 由于碘的挥发,因此不能在烧杯中进行,一般使用三角瓶或碘量瓶。

为了减少碘的挥发,即使采取了以上种种措施,还是不能完全消除特别是在将溶液由样品瓶转移到三角瓶中时会有 1%~2%的碘损失。

(2) 空气中氧对 KI 的氧化。

测定和标定过程,溶液中均有 I^-,并与空气接触,空气中 O_2 可以将其氧化为 I_2。其反应式为:$4I^- + O_2 + 4H^+ \Longleftrightarrow 2I_2 + 2H_2O$。

反应速度随酸度的增加和阳光的照射而显著增加。当溶液酸度达到 0.4~0.5 mol/L 时,碘被空气氧化得最多。所以测定时必须控制合适的 pH 范围,一般为 $1 < pH < 2.8$。

光线对碘在空气中的氧化有重要影响,所以加入 KI 后必须放在暗处。

此外,KI 溶液在空气中光线照射下氧化生成 IO_3^-,能将 Mn^{2+} 氧化成高价,使结果偏高。

(3) 干扰离子——还原物质。

一些氧化还原物质对温克勒法的干扰来自两个方面:

① 海水中含有氧化-还原物质(例如污染海水),产生误差。

② 试剂中常含有影响测定的杂质。例如,盐酸中常含有 Fe^{3+},硫酸中含有亚

硝酸根等。

氧化剂(例如亚硝酸根、三价铁离子等)因能和氧一样去氧化低价锰或氧化碘离子,造成正误差。反应为:$NO_2 + 2I^- + 2H^+ \Longrightarrow NO + I_2 + H_2O$。

还原剂(Fe^{2+}、H_2S等)在温克勒法中引起负误差,因为这些还原剂均可以引起高价锰还原或引起I_2还原,使结果偏低。

(4)试剂中含氧。

对于 1 L 水样来说,由加入的固定剂带入的氧的量约为 0.02 mL,必须进行空白校正或向试剂中通入 N_2 去除 O_2。

七、膜电极法

溶解氧测定仪氧探头是一个隔膜电极,它的金或铂阴极和银阳极之间通过电解质凝胶相通,通常电解质为氯化钾。电极的化学系统用溶解氧透过率高的透气隔膜(常用聚四氟乙烯)与周围环境分开。若在电极间加以 0.8 V 或 0.7 V 直流电压,则电极处于极化状态中。

把极化电极浸入被测溶液中,则被测溶液中的溶解氧透过隔膜进入电极内部,在两电极上产生如下反应:

阳极反应:$2Ag + 2Cl^- \Longrightarrow 2AgCl + 2e \quad 2Ag + 2OH^- \Longrightarrow Ag_2O + H_2O + 2e$

阴极反应:$Au + O_2 + 2H_2O + 4e \Longrightarrow Au + 4OH^-$

在其他条件不变时,由此产生的电流大小与溶解氧的分压成正比。能在 -0.8 V 或 -0.7 V 被还原的气体(如卤素和二氧化硫),对测定有干扰。硫化氢能沾污电极,对测定也有干扰。

第三节　二氧化碳与碳酸盐体系

碳酸盐体系是指海水中以不同形式存在的无机碳各分量之间的平衡、相互转化、存在形态以及有关的体系,亦称二氧化碳系统。二氧化碳系统是较为复杂的平衡体系,它涉及许多学科(如海洋化学、气象学、生物、地质等),对理论和实际都有重要意义(如海-气界面的气体交换、海-生界面的光合作用、海底界面的沉淀溶解作用等)。由于二氧化碳系统各分量存在平衡,使海水具有缓冲溶液的特性。

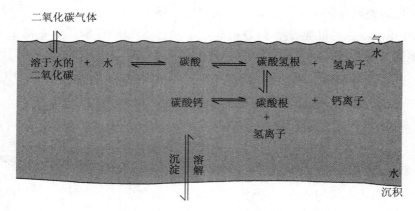

图 4.1　碳酸盐体系(二氧化碳系统)

海洋中的碳主要包含在二氧化碳-碳酸盐体系中,该体系所包含的反应平衡如图 4.1 所示:

$$CO_2(g) \longleftrightarrow CO_2(aq)$$

$$CO_2(aq) + H_2O \longleftrightarrow H^+ + HCO_3^-$$

$$HCO_3^- \longleftrightarrow H^+ + CO_3^{2-}$$

$$Ca^{2+} + CO_3^{2-} \longleftrightarrow CaCO_3(s)$$

海洋中的碳酸盐体系调控着海水的 pH 值以及碳在生物圈、岩石圈、大气圈和海洋圈的流动。二氧化碳是构筑有机物质的基础,又是重要的温室气体,海洋吸收 CO_2 的能力将直接影响全球气候。近年来,大气中二氧化碳浓度每年上升约 0.25%,关于二氧化碳温室效应的认识引发了对二氧化碳-碳酸盐体系的广泛关注。

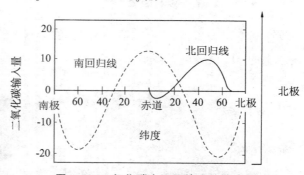

图 4.2　二氧化碳在不同纬度的输入量

天然和人类来源的二氧化碳随纬度而变化,海洋对二氧化碳增加的反应由于物理和化学过程的影响而慢得多。

在天然海水的正常 pH 值范围内,其酸碱缓冲容量的 95% 由二氧化碳-碳酸盐体系贡献。在几千年以内的短时间尺度上,海水 pH 值主要受控于该体系。

海水中总二氧化碳浓度的短期变化主要由海洋生物的光合作用和代谢作用所

引起,研究其短期变化可获得有关生物活动的信息。

海洋中碳酸钙的沉淀-溶解问题也有赖于对二氧化碳-碳酸盐体系的了解。例如,碳酸钙的沉淀能否降低海水中的二氧化碳水平(即二氧化碳分压)的问题。答案是否定的,由碳酸钙沉淀减少的碳酸根离子可由碳酸的二级解离置换。

$$HCO_3^- \longleftrightarrow H^+ + CO_3^{2-}$$

而释放的 H^+ 引发反应 $H^+ + HCO_3^- \longleftrightarrow CO_2(aq) + H_2O$ 向右进行。

由 $CO_2(aq) \longleftrightarrow CO_2(g)$ 平衡,得出结论:碳酸钙沉淀引发的减少是二氧化碳总量的减少,却导致二氧化碳分压的升高。

要准确描述无机碳体系,需要获得以下四个参数中的至少两个:pH 值、碱度、总二氧化碳、二氧化碳分压。

第四节　海水的酸碱性——pH

一、海水 pH 值的影响因素

海水通常呈弱碱性,其 pH 值一般在 $7.5 \sim 8.6$ 之间。在一般情况下,表层或近表层水的 pH 值较高。

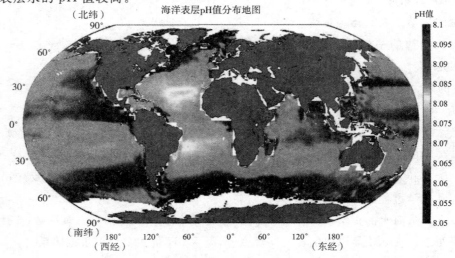

图 4.3　海洋表层 pH 值分布地图

1. 海-气界面的二氧化碳交换

海水的 pH 值,一方面和海水中强酸离子和弱碱离子的浓度差额有关,另一方面也受到弱酸离子含量与缓冲作用的影响。海水中所含的弱酸离子最多,因此,海水的 pH 值和海水中各碳酸分量(碳酸根、碳酸氢根和游离二氧化碳)和含量有直接的关系。大体来说,游离二氧化碳的含量越多,碳酸根含量越少,海水的 pH 值越低。反之,如果二氧化碳从海水中逸出,或碳酸根含量增加,则 pH 值增加。

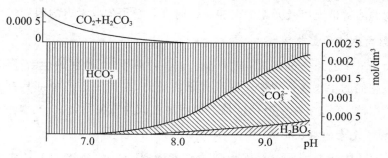

图 4.4　不同 pH 值下海水中各碳酸分量含量

2. 生物光合作用、呼吸作用

海生植物的光合作用、海生生物的呼吸作用均能影响海水的 pH 值。当海生植物进行光合作用使海中游离二氧化碳含量降低时,pH 值便增高;当海生生物呼吸消耗氧而放出二氧化碳时,海水的 pH 值则下降。

3. 各种有机物、无机物的氧化-还原过程

海生生物通过新陈代谢将自身部分有机碳分解成各种形式的碳酸盐回入海水中。当动、植物死亡后,其尸体经细菌和微生物的分解作用,亦将分解为碳酸盐回到海水中。

4. 碳酸盐的沉淀-溶解过程

由于地球化学的过程,例如碳酸盐的沉积和某些含碳酸盐矿物和岩石的溶解、水体的混合和涡动扩散以及海流的辅聚和辅散等现象,都能使海水二氧化碳的含量发生变化,从而影响海水中 pH 值的分布。

二、pH 值(了解海水酸碱环境)的作用

1. 研究海水二氧化碳系统

海水的 pH 值是研究海水碳酸盐平衡体系时所能直接测定出来的最重要的数

值,在一定条件下反映了游离二氧化碳含量的变化。根据测定的 pH 值,结合碱度、水温及盐度等资料,可以计算出海水中的总碳酸量,或者计算海水各碳酸分量(游离二氧化碳、碳酸氢根和碳酸根)的数值,从而得到不同海区各水层中碳酸平衡体系比较清楚的概念,避免直接测定这些数据的麻烦和困难。

2. 研究元素及物质的沉淀-溶解环境

pH 值的测定有助于水化学问题的研究。海水的 pH 值,在研究海水对某些岩石和矿物的溶解情况以及元素的沉淀条件时都是必须加以考虑的因素。

3. 影响生物的生长环境

借助于 pH 值的分布有助于进一步认识各种海生动、植物的生活环境和特点,进而掌握它们的生长繁殖规律。这些方面的研究,在国民经济中都具有很大的实用价值。因此,在海洋调查中,pH 值的测定早就成为重要项目之一。

4. 影响元素的存在形式

海水 pH 值的大小也直接影响了元素在海洋中存在形式和各反应过程的进行。同氧化还原电位一样是海洋中一些元素地球化学过程的一个主要影响因素。

三、pH 定义及使用标度

苏仁森(1924)把 pH 定义为氢离子活度的负对数,这个定义只有理论上的意义,未解决测量问题(单一离子的活度和活度系数无法准确测定,故不能由定义直接测 pH)。

但对一溶液来说,a_{H^+} 有确定的数值,建立使用标度,即一系列准确测定 pH 的标准缓冲溶液做实用标准,用此标准的 pH 来对比求未知溶液的 pH 值。

测量方法:测量池中充满已知 pH 的标准缓冲溶液,用参比电极(甘汞或 Ag-AgCl)和 H^+ 响应电极(H 电极或玻璃电极)测量电池的电动势 E_s,然后将求知液(pH_X)置于测量池中,测定电池电动势 E_X:

$$pH_X = pH_S + \frac{(E_X - E_S)F}{2.303RT} \text{可得 } pH_X。$$

1. NBS 标度——常规的缓冲溶液

美国国家标准局(NBS)根据苏仁森活度标度确定的 pH 测量标准,使用酸、中、碱三种 pH 缓冲溶液。

此数值测定的 pH 比早期的苏仁森标度的数值高约 0.04pH 单位。

关于 pH 缓冲液,各国都有具体的规定,美国以酸标(pH4.003)为准,英国则以中标(pH6.864)为准。

表 4.3　pH 缓冲溶液

国际上通用的标准缓冲液(还有其他的)前三种即 NBS 的三种基准溶液				
温度(℃)	邻苯二甲酸氢钾溶液(0.05 mol/L)	$KH_2PO_4 - Na_2HPO_4$ 溶液(1:1,各 0.025 mol/L)	硼砂(0.01 mol/L)	$KH_2PO_4 - Na_2HPO_4$ 溶液(1:3,0.009 mol/L,0.03 mol/L)
0	4.003	6.984	9.464	7.534
25	4.008	6.864	9.180	7.413

随温度的变化,有附表可查。

表 4.4　pH 缓冲溶液在不同温度下的变化

缓冲液名称	0.05 mol/dm³ 邻苯二甲酸氢钾溶液	0.25 mol/dm³ 混合磷酸盐溶液	0.01 mol/dm³ 硼砂
温度(℃) ＼ 浓度(g/dm³)	10.12	KH_2PO_4(3.388) Na_2HPO_4(3.532)	3.80
0	4.006	6.981	9.458
5	3.999	6.949	9.391
10	3.996	6.921	9.330
15	3.995	6.898	9.276
20	3.998	6.879	9.226
25	4.003	6.864	9.182
30	4.010	6.852	9.142
35	4.019	6.844	9.105
40	4.029	6.838	9.072
45	4.042	6.834	9.042

以上标准缓冲溶液,适于广泛 pH,再现性好,稳定。

硼砂易受空气中二氧化碳的影响(其他两种较小)引起 pH 变化,三者都受微生物活动的影响。

缓冲液都是一些稀溶液,离子强度 $I<0.1$,可用于淡水或 $I<0.1$ 溶液的 pH,精度约为 ± 0.01 pH 单位。

但用于测定海水(组成复杂,I 约为 0.7),准确度较差。

$$\mathrm{pH}_x = \mathrm{pH}_\mathrm{s} + \frac{(E_x - E_\mathrm{s})F}{2.303RT}$$ 推导时忽略了样品溶液和参比电极的饱和 KCl 溶液的液接电位,事实上液接电位不能完全消除(E_j 与离子强度、组成、构成 E_j 方式有关)。

海水:$$\mathrm{pH}_x = \mathrm{pH}_\mathrm{s} + \frac{E_x - E_\mathrm{s}}{2.303RT/F} \cdot \frac{E_{j,\mathrm{s}} - E_{j,x}}{2.303RT/F}$$

$E_{j,x}$ 与 $E_{j,\mathrm{s}}$ 不等,故最好使用离子强度与海水相当的缓冲溶液,其组成和 pH 范围尽量与海水相近,这样可使电极在两种溶液中的液接电位基本相同,误差减小。

2. Hanson 标度——海水缓冲溶液

1973 年,Hanson 以人工海水代替蒸馏水,配制 pH 标准系列,提出了一个新的 pH 标度:$\mathrm{pH} = -\log C_\mathrm{T}$ 并由此配制出缓冲液。

C_T 包含 H^+、HSO_4^-、HF,是靠滴定测出的,有确定的理论意义。

将已知量的 Tris(2-氨基-2-羟甲基丙烷-1,3-二醇)和其盐酸盐加到盐度为 35 的人工海水中(也可是其他盐度),以玻璃电极—Ag,AgCl 电极用电位滴定法测出其 pH 值。Tris(以 B 表示)是一种近中性的有机碱,Tris(B)和其盐酸盐(BHCl)组成的缓冲溶液 pH 为 7~9 之间。

对不同盐度的海水要用不同盐度的标准缓冲溶液,但实验证明,Tris 标准缓冲溶液的盐度和海水盐度相差 10% 以内是可以的。若相差过大,则应重新配制。

配制 Tris 标准缓冲溶液时,不能用天然海水(天然海水中存在碳酸盐、硼酸盐等质子接受体)。

此标准温度系数相当大,应控制在 ± 0.1℃ 以内。

测定海水 pH 值时,应尽量减少空气的作用。

玻璃电极使用之前用海水浸泡 24 小时以上,且使用过程中不能用蒸馏水冲洗。

由于 Hanson 标度的离子强度与天然海水相近,E_j 可相互抵消,测量结果准确度提高了。

Hanson 标度既有理论上的意义,又可以精确测量,但到目前未能普遍使用,主要问题是:① C_T 要包括 HSO_4^- 体系,是 T 和 p 的函数,故温度和压力变化会引起 H^+ 的变化;② 标准问题:需不同的盐度及离子强度的标准来测不同的海水样品

（要 ΔE_j 不变才行，ΔE_j 变化了就没有意义了），故操作上很麻烦，现场测量用得很少，只在碱度滴定中才用。

3. 游离氢离子浓度标度

和 Hanson 标度类似，但 HSO_4^-、HF 在标准海水中不要了。这样标度就简单了，也是通过稀酸滴定来得到其准确的 pH 值。

四、pH 的测定

1. 纯水的酸度

$$pH = -\lg a_{H^+}$$

$a_{H^+} = \gamma_{H^+} \cdot c_{H^+}$　　其中，γ_{H^+} 是溶剂、总离子强度和该特定离子的函数。

水是相当弱的电解质，$H_2O \Leftrightarrow H^+ + OH^-$

$K_{H_2O} = a_{H^+} \cdot a_{OH^-} / a_{H_2O} = a_{H^+} \cdot a_{OH^-}$

22℃时，$K_{H_2O} = 10^{-14}$，此时中性点，$a_{H^+} = a_{OH^-}$

$a_{H^+} = a_{OH^-} = K_{H_2O}^{1/2} = 1.0 \times 10^{-7}$　　即纯水中性点 pH＝7.0。

2. 海水的酸度

海水的主要成分具有恒定关系，海盐降低了水的活度。

$a_{H_2O,海} = p_{H_2O,海} / p_{H_2O}$

$a_{H_2O,海} = 1 - 0.000\,969Cl$

$S = 35.00(Cl = 19.375)$ 时，水的活度降到 0.981 3。

所以，中性点时，$a_{H^+} = a_{OH^-} = (K_{H_2O} \cdot a_{H_2O})^{1/2} = 0.991 \times 10^{-7}$　　pH＝7.005
可见，室温下水与海水的中性点有差别，但很小。

3. 电位法测定 pH

Ag,AgCl|HCl 溶液(0.1 mol/L)|未知液||KCl 饱和溶液|Hg,Hg₂Cl₂

$E = E_{Hg_2Cl_2} - E_{AgCl} - E_j - E_{膜}$　　$(E_{膜} = K + \dfrac{RT}{F}\ln a_1) = E_{Hg_2Cl_2} - E_{AgCl} - E_j -$

$(K + \dfrac{RT}{F}\ln a_1) = b - \dfrac{RT}{F}\ln a_2$　　（b 为常数）

测定时，按实用标度，用已知的 pH_S 标准缓冲溶液测定求知液 pH，同时也可校正玻璃电极的有对称电位。

$$E_S = b - \frac{RT}{F}\ln a_{H^+ S} \quad E_x = b - \frac{RT}{F}\ln a_{H^+ x}$$

$$pH_x = pH_s + \frac{E_x - E_s}{2.303\, RT/F}$$

先用缓冲溶液定位,再测定求知液,可直接由表读出水样的 pH。

测定不能用一般的电位差计,因玻璃电极阻抗高达 $10\sim500$ MΩ,如要准至 0.01pH单位,即相当于 0.5 mV,则电流强度约为 5×10^{-13} A,所以必须有特殊的仪器——pH 计(有放大功能)。

4. pH 玻璃电极的特性

(1) 选择性。

普通 pH 玻璃电极测定 pH$>$10 的溶液,电极电位与 pH 值之间将偏离线性关系,测得的值比实际值低(碱差、钠差)。

原因:强碱性溶液中,H^+ 很低,有大量的 Na^+,使 Na^+ 进入硅酸晶格的倾向增加。这样,相间电位差除决定于硅胶层和溶液中 H^+ 外,还增加了 Na^+ 在两相中扩散面产生的相电位(钠差,所有一价阳离子都能引起)。

解决:改变玻璃组成,如含 Li_2O 的锂玻璃,可测高达 pH 为 13.5 的溶液。

(2) 有对称性。

当电极内、外的 a_{H^+} 相等且内、外参比电极都相同时,则电池电动势应为 0。实际上总有一个小电势(玻璃电极的"不对称电位"),对同一电极,其数值随时间会慢慢变化。

产生原因:与玻璃膜内、外表面的结构和性质的不对称有关。

不对称电位一般为几毫伏至十几毫伏,刚浸入水中较大,几天后降到一固定值,如再干燥则又增大。

只要不对称电位保持恒定,并不影响 $E-pH$ 的线性关系,一般中标缓冲溶液校正电极,可消除。

所以,玻璃电极在使用前,须在水中泡 24 小时以上以形成水合硅胶层,并使不对称电位降至最小并稳定,用后也应泡在水中。

(3) 响应值。

每改变单位 pH 引起相应电位的变化,即玻璃电极的响应值(R_{pH})。

$$R_{pH} = \frac{E_2 - E_1}{pH_2 - pH_1} = \frac{2.303RT}{F}$$

25℃时,$R_{pH} = 59.1$ mV,实际上,玻璃电极响应值总低于此值。

主要有如下因素影响响应值。

温度:T 升高,R_{pH} 升高,所以应保持温度一致。

玻璃电极的水合作用:必须浸泡在蒸馏水中。

锂玻璃电极中部分 Na_2O 被 Li_2O 代替。

(4)电阻。

电阻很高,一般在 10 M~500 MΩ,随温度的升高而降低,变化大。所以,用高阻抗测量仪器,且保持温度恒定。

(5)受其他影响小。

对 H^+ 有高度的选择性,不受氧化剂、还原剂的影响及其他影响;而且平衡快,操作简便,不玷污溶液。

5. 电极的处理

电极在使用之前,需泡 24 小时以上,用后仍需要浸泡。长期用,电极的表面上会蒙上水洗不掉的污物导致电极钝化,必须清洗。

不对称电位随时间的变化而变化,应常用标准缓冲溶液校正。

6. pH 的计算和校正

温度影响二氧化碳系统,影响 pH,所以尽可能保持样品与标准的温度一致。

但现场采样温度与测量温度不同,所以必须校正。

$$pH_{T_2} = pH_{T_1} + \alpha(T_1 - T_2)$$

式中,α 为温度校正系数,是 T 和 Cl 的函数,在准确度要求不高时,可用 0.011 4。

关于压力校正,过去常用压力校正系数进行,现在还有争议,本章不做讨论。

表 4.5 温度校正系数表

测定的 pH	$S=27$ $Cl=15$			$S=35$ $Cl=19.5$		
	现场温度(℃)			现场温度(℃)		
	0~10	10~20	20~30	0~10	10~20	20~30
7.4	0.008 8	0.008 7	0.007 6	0.008 9	0.008 9	0.008 1
7.6	0.009 5	0.009 6	0.008 3	0.009 5	0.009 5	0.009 1
7.8	0.010 3	0.010 5	0.009 0	0.010 4	0.010 4	0.009 8
8.0	0.011 0	0.011 2	0.009 2	0.011 0	0.010 9	0.010 2
8.2	0.011 5	0.011 7	0.009 6	0.011 4	0.011 2	0.010 3
8.4	0.011 8	0.011 8	0.009 8	0.011 6	0.011 4	0.010 4

$$pH_w = pH_m + \alpha (T_w - T_m)$$

式中，T_w，T_m 分别代表现场水温、测定时的温度。

α 为水温校正系数，它是氯度、pH 和温度的函数，由表 4.4.1 查得。

pH_m 是由实验室测得的 pH 值。

若采水样深度大于 500 m，则必须进行深度压力校正。校正方法是按照上述已经水温校正后的 pH_w 查表 4.4.2 得 β 值，乘上深度 d 加以压力校正。

表 4.6 电位测定 pH 的深度系数(β)

$\dfrac{pH+\alpha}{(T_w - T_m)}$	7.5	7.6	7.7	7.8	7.9	8.0	8.1	8.2	8.4	8.6
$B/1\,000$	−0.035	−0.031	−0.025	−0.025	−0.023	0.022	−0.021	−0.020	−0.020	−0.020

$$pH_w = pH_m + \alpha (T_w - T_m) + \beta d$$

7. 样品的采集和贮存

水样分装在 DO 采样之后进行。用 $50 \sim 100$ mL 玻璃瓶（聚乙烯瓶也可，但要立即测定），管子插到底部，应避免空气污染，不能有气泡。

样品不能长期贮存，最好在一小时内与室温平衡后，测定。若要贮存应在低温下进行。

第五节 总碱度

海水总碱度的定义为 1 dm^3 的海水中，海水中碳酸氢根、碳酸根和硼酸根等弱酸阴离子全部被释放时所需要的氢离子的毫摩尔数，单位是 $mmol/dm^3$，通常用 A 或 Alk 表示。可用下式表示：

$$Alk = c_{HCO_3^-} + 2c_{CO_3^{2-}} + c_{H_2BO_3^-} + (c_{OH^-} - c_{H^+})$$

大洋海水的总碱度变化不大，它与氯度的比值近似一个常数（碱氯比）。对于港湾、河口等近岸海域，由于受大陆径流或城市污水的影响，碱度的变化较大。在这种情况下，往往是总碱度和碱氯比值升高。因此，总碱度有时可以作为衡量海水质量的标准之一。特别在研究污水在海洋环境中的扩散过程中，它是一个有用的参数。

海水总碱度的测定方法较多,如碘量法、中和滴定法、电导测定法和 pH 测定法等。pH 测定法操作简便,精确度尚好,目前被广泛应用。下面就介绍 pH 法。

一、方法原理

采用 pH 计测定碱度,即向水中加入过量的标准盐酸溶液中和水样中弱酸根阴离子,然后用 pH 计,测定混合溶液的 pH 值,由测得值可计算出现混合溶液中剩余的盐酸量。从加入的 HCl 总量中减去此值便可以求出水样中弱酸阴离子浓度,以每一立方分米毫摩尔数为单位即为水样的碱度。

$$\text{Alk} = \frac{1\,000}{V_s} V_a \times N_a - \frac{1\,000}{V_s}(V_a + V_s) \times c_{H^+}$$

式中,V_a 为外加标准盐酸的体积;

V_s 为水样的体积;

M_a 为标准盐酸的摩尔浓度;

c_{H^+} 为混合溶液中氢离子的浓度,其中,$c_{H^+} = a_{H^+} / f_{H^+}$,$a_{H^+}$ 可由所测得的 pH 值求得;

f_{H^+} 为活度系数。

二、试剂配制

1. $0.006 \times \times$ mol/dm^3 标准盐酸溶液($\times \times$ 表示有效数字)

取 8.4 cm^3 浓盐酸,转移于 1 000 cm^3 容量瓶中稀释到刻度,摇匀备用。另取上述溶液 61 cm^3,转移于 1 000 cm^3 容量瓶中,加蒸馏水至刻度,摇匀,即为标准盐酸溶液。

2. 0.005 mol/dm^3 Na$_2$CO$_3$ 溶液

在 285℃±10℃ 下烘 1 h,置于干燥器中冷却到室温,然后准确称取 0.530 g 于 100 cm^3 烧杯中,用少量蒸馏水溶解,转移于 1 000 cm^3 容量瓶中稀释至刻度。

标定 HCl 溶液,取 15.00 cm^3 Na$_2$CO$_3$ 溶液加入 3 滴甲基红-溴化甲酚绿指示剂,用 HCl 溶液滴定,滴至近终点再加 3 滴指示剂,滴至突变蓝紫色为止。

3. 0.05 mol/dm^3 邻苯二甲酸氢钾缓冲溶液(25℃ 时 pHs=4.008)

4. 甲基红-溴化甲酚绿混合指示剂

称取 0.2 g 甲基红于玻璃研钵中,研细,加入 100 cm^3 分析纯的 95% 乙醇;取

0.1 g 溴化甲酚绿溶于 100 cm³ 乙醇中,然后按甲基红：溴化甲酚绿＝1：3 的比例混合即得。

三、测定方法

(1) 用移液管取 25.0 cm³ 水样于洗净烘干过的 50 cm³ 烧杯中,平行取两份。

(2) 加入 10.0 cm³ 标准盐酸溶液,充分混合均匀。

(3) 按 pH 测定法,用 0.05 mol/dm³ 邻苯二甲酸氢钾溶液定位。

(4) 测量混合试液的 pH 值。

四、结果计算

(1) 绘制 Alk—a_{H^+} 关系曲线。

由公式：$\mathrm{Alk}=\dfrac{1\,000}{V_S}V_a\times N_a-\dfrac{1\,000}{V_3}(V_a+V_S)\times c_{H^+}$

已知：$V_S=25$ cm³ $V_a=10$ cm³

f_{H^+} 为 H⁺ 的活度系数,是由实验测得的。若海水的氯度为 6~20,混合液的 pH＝3.00~4.00 的范围内,f_{H^+} 的变化不大,可取做 $f_{H^+}=0.753$。

M_a 也是已知数(0.006 mol/dm³)。

所以公式的第一项为一常数,则碱度随混合液的氢离子活度的变化而变化。为了计算结果方便起见,可以 a_{H^+}(其范围值从 10^{-3}~10^{-4})为纵坐标,以 Alk 为横坐标,绘制 Alk 对 a_{H^+} 关系曲线。

(2) 由测得海水混合液的 pH 值,在 a_{H^+}~Alk 关系曲线上,查得对应的碱度。要求平衡测定两份水样其差值不大于 0.03 mmol/dm³。

表 4.7 pH 换算为氢离子活度(a_{H^+})

pH	a_{H^+}	pH	a_{H^+}	pH	a_{H^+}
3.00	1.000×10^{-3}	0.34	0.457	0.67	0.214
0.01	0.977	0.35	0.447	0.68	0.209
0.02	0.955	0.36	0.437	0.69	0.204
0.03	0.933	0.37	0.427	0.70	0.20
0.04	0.912	0.38	0.417	0.71	0.195
0.05	0.891	0.39	0.407	0.72	0.191
0.06	0.871	0.40	0.398	0.73	0.186
0.07	0.851	0.41	0.389	0.74	0.182
0.08	0.832	0.42	0.380	0.75	0.178
0.09	0.813	0.43	0.372	0.76	0.174
0.10	0.794	0.44	0.363	0.77	0.170
0.11	0.776	0.45	0.355	0.78	0.166
0.12	0.759	0.46	0.347	0.79	0.162
0.13	0.741	0.47	0.339	0.80	0.158
0.14	0.725	0.48	0.331	0.81	0.155
0.15	0.709	0.49	0.324	0.82	0.151
0.16	0.692	0.50	0.316	0.83	0.147
0.17	0.676	0.51	0.309	0.84	0.144
0.18	0.661	0.52	0.302	0.85	0.141
0.19	0.646	0.53	0.295	0.86	0.138
0.20	0.631	0.54	0.288	0.87	0.135
0.21	0.617	0.55	0.282	0.88	0.132
0.22	0.603	0.56	0.275	0.89	0.129
0.23	0.589	0.57	0.269	0.90	0.126
0.24	0.575	0.58	0.263	0.91	0.123
0.25	0.562	0.59	0.257	0.92	0.120
0.26	0.549	0.60	0.251	0.93	0.117
0.27	0.537	0.61	0.245	0.94	0.115
0.28	0.525	0.62	0.240	0.95	0.112
0.29	0.513	0.63	0.234	0.96	0.110
0.30	0.501	0.64	0.229	0.97	0.107
0.31	0.490	0.65	0.224	0.98	0.105
0.32	0.479	0.66	0.219	0.99	0.102
0.33	0.468				

第五章　海水中的营养元素

20 世纪初,德国人布兰特发现海洋中磷和氮的循环和营养盐的季节变化,都与细菌和浮游植物的活动有关。1923 年,英国人 H・W・哈维和 W・R・G・阿特金斯,系统地研究了英吉利海峡的营养盐在海水中的分布和季节变化与水文状况的关系,并研究了它的存在对海水肥度的影响。德国的"流星"号和英国的"发现"号考察船,在 20 世纪 20 年代也分别测定了南大西洋和南大洋的一些海域中某些营养盐的含量。中国学者如伍献文和唐世凤等,曾于 30 年代对海水营养盐的含量进行过观测,后来朱树屏长期研究了海水中营养盐与海洋生物生产力的关系。从 20 世纪初以来,海水营养盐一直是海洋化学的一项重要的研究内容。

海水中的营养元素主要指海水中一些含量较微的磷酸盐、硝酸盐、亚硝酸盐、铵盐和硅酸盐。严格地说,海水中许多主要成分和微量金属也是营养成分,但传统上在海洋化学中只指氮、磷、硅元素的这些盐类为海水营养盐。因为它们是海洋浮游植物生长繁殖所必需的成分,也是海洋初级生产力和食物链的基础。反过来说,营养盐在海水中的含量分布,明显受到海洋生物活动的影响,而且这种分布,通常和海水的盐度关系不大。

海水营养盐的来源,主要为大陆径流带来的岩石风化物质、有机物腐解的产物及排入河川中的废弃物。此外,海洋生物的腐解、海中风化、极区冰川作用、火山及海底热泉,甚至于大气中的灰尘,也都为海水提供营养元素。

大洋之中,海水营养盐的含量分布,包括垂直分布和区域分布两方面。在海洋的真光层内,浮游植物通过生长和繁殖吸收营养盐不断;另外,它们在代谢过程中的排泄物和生物残骸,经过细菌的分解,又把一些营养盐再生而溶入海水中;那些沉降到真光层之下的尸体和排泄物,在中层或深层水中被分解后再生的营养盐,也可被上升流或对流带回到真光层之中,如此循环不已。

依营养盐的垂直分布特点,可把大洋水体分成 4 层:① 表层,营养盐含量低,分布比较均匀;② 次层,营养盐含量随深度而迅速增加;③ 次深层,深 500～1 500 m,营养盐含量出现最大值;④ 深层,厚度虽然很大,但是磷酸盐和硝酸盐的含量变化很小,硅酸盐含量随深度而略为增加(如图 5.1 所示)。

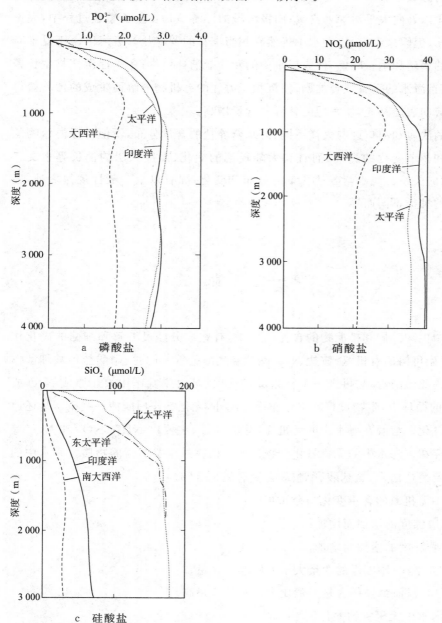

图 5.1 营养盐在各主要大洋中的分布

就区域分布而言,由于海流的搬运和生物的活动,加上各海域的特点,海水营养盐在不同海域中有不同的分布。例如,在大西洋和太平洋间的深水环流,使营养盐由大西洋深处向太平洋深处富集;南极海域的浮游植物在生长繁殖过程中,大量消耗营养盐,但因来源充足,海水中仍然有相当丰富的营养盐。近海区由于夏季时浮游植物的繁殖和生长旺盛,使表层水中的营养盐消耗殆尽;冬季浮游植物生长繁殖衰退,而且海水的垂直混合加剧,使沉积于海底的有机物分解而生成的营养盐得以随上升流向表层补充,使表层的营养盐含量增高。

近岸的浅海和河口区与大洋不同,海水营养盐的含量分布,不但受浮游植物的生长消亡和季节变化的影响,而且和大陆径流的变化、温度跃层的消长等水文状况,有很大的关系。海水营养盐含量的分布和变化,除有以上一般性规律之外,还因营养盐的种类不同而异。

第一节　氮

海洋中生物碎屑和排泄物的含氮物质中,有些成分经过溶解和细菌的硝化作用,逐步产生可溶的有机氮、铵盐、亚硝酸盐和硝酸盐等。同时,硝酸盐可被细菌作用而还原为亚硝酸盐,它可进一步转化成铵盐,也可由脱氮作用被还原成 N_2O 或 N_2。在氮的循环中,生物过程起主导作用。此外,光化学作用能使一些硝酸盐还原或使铵盐氧化。溶解在海水中的无机氮,除氮气外,主要以 NH_4^+、NO_3^- 和 NO_2^- 等离子形式存在。海水中的无机氮化合物是海洋植物最重要的营养物质。海水中的有机氮主要是蛋白质、氨基酸、甲胺等含氮有机化合物。

海水中无机氮的含量变化与分布规律:

① 随着纬度的增加而增加;

② 随着深度的增加而增加;

③ 在太平洋、印度洋的含量大于大西洋的含量;

④ 近岸、浅海海域的含量一般比大洋水的含量高。

大洋海水中无机氮的变化范围一般是:

NO_3^--N $0.1\sim43$ $\mu mol/L$;

$NO_2^- $-N 0.1~3.5 μmol/L；

NH_4^+-N 0.35~3.5 μmol/L。

在海水中 NO_3^--N 含量比 NO_2^--N、NH_4^+-N 含量高得多。在大洋深层水,几乎所有无机氮都以硝酸盐的形式存在,它的分布一般与磷酸盐的分布趋势相似。

铵盐在真光层中为植物所利用,但在深层中则受细菌作用,硝化而生成亚硝酸盐以至硝酸盐。因此,在大洋的真光层以下的海水中,铵盐和亚硝酸盐的含量通常甚微,而且后者的含量低于前者,它们的最大值常出现在温度跃层内或其上方水层之中。硝酸盐含量一般高于其他无机氮,它在上层水中的含量比深层水中低。在温带浅海水域中,铵盐的含量在冬末很低;春季逐渐增加,有时成为海水中无机氮的主要形式;入秋之后,含量降低。故在秋、冬两季,硝酸盐成为温带浅海中无机氮的主要溶存形式。此外,在还原性的条件下,铵盐常为无机氮在海水中的主要溶解形式。

暖季,生物生长繁殖旺盛,三种无机氮含量下降达到最低值,这种趋势在表层水更为明显;冬季,由于生物尸骸氧化分解和海水剧烈的上下对流,使得三种无机氮含量回升达到最高值,且 NH_4^+-N 和 NO_2^--N 先于 NO_3^--N 回升。

从硝酸盐、磷酸盐的季节变化可以看出,这些盐类的含量与海洋植物的活动有密切关系。如果其含量很低,则会限制生物活动,被称为生物生长限制因子。生物在吸收这些盐类时一般是按比例进行的。由于生物作用的影响,一定存在固定的关系。由大洋中硝酸盐、磷酸盐分布情况大致相近,可以断定这两种盐类在大洋中的含量之间有着一定的比值,称为氮磷比(N/P)。三大洋的氮磷比近似恒定,即 N/P=16(原子数)。

<h1 style="text-align:center">第二节　磷</h1>

　　在营养盐的再生和循环过程中,常伴随着氧的消耗和产生的过程。研究海水中溶解氧和营养盐的含量及其分布变化的关系,可估算上层水域的初级生产力或阐明深水层水团混合运动的状况(如图5.2所示)。

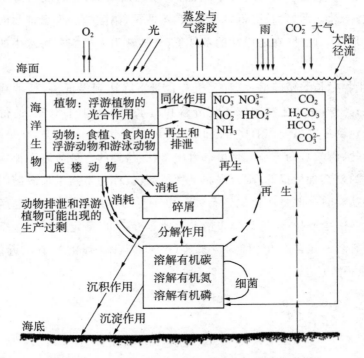

图5.2　海洋中氮、磷等营养元素的生物地球化学循环

　　海水中的磷以颗粒态和溶解态存在。前者主要为含有机磷和无机磷的生物体碎屑及某些磷酸盐矿物颗粒;后者包括有机磷和无机磷两种溶解态,溶解态的无机磷是正磷酸盐,主要以 HPO_4^{2-} 和 PO_4^{3-} 的离子形式存在。在磷的再生和循环过程中,生物体碎屑和排泄物中的无机磷,经过化学分解和水的溶解,生成的磷酸盐能够迅速返回上部水层,但一般的有机磷必须经过细菌的分解和氧化作用,才能变成

无机磷而进入循环。细菌的活动,对沉积物中难溶的磷酸盐的再生,也起着很重要的作用。

大西洋中磷酸盐的含量由南向北递减。南极海域的磷酸盐含量,约为北大西洋的两倍;太平洋中磷酸盐含量高于大西洋;印度洋的含量则介于太平洋和大西洋之间。在垂直分布方面有一个特点:在大西洋磷酸盐含量达最大值的水层之下,尚有一含量达最小值的水层。

一般在河口沿岸水体、封闭海区和上升流区的磷酸盐含量较高,而在开阔的大洋表层含量较低;近海水域磷酸盐含量一般冬季较高,夏季较低;在河口及沿岸浅海区磷酸盐的垂直方向上分布比较平均,而在深海和大洋中则有明显分层。

一、水平分布

大洋海水中无机磷酸盐的浓度是在不断变化的,但许多地区最大浓度的变化范围都不超过 $0.5\sim1.0\ \mu mol/L$。在热带海洋表层水中,生物生产力大,因而这里磷的浓度最低,通常在 $0.1\sim0.2\ \mu mol/L$。在太平洋、大西洋和印度洋南部,由于彼此相通,磷酸盐的含量和分布大致相同。而在大西洋和太平洋的北部,磷酸盐的分布则有着明显的差别。大西洋北部磷含量较低,而太平洋北部磷含量几乎是南部海区的两倍。这种情况与溶解氧的分布类似,一般规律是磷含量高,氧含量低。

磷酸盐之所以由大西洋深层水向北太平洋深层水方向富集是由于这些大洋深海的环流方向为低温、高盐和营养元素含量低的大西洋表层水在大西洋北端的挪威海沉降,成为大西洋深层水,越过格陵兰至英国诸岛的海脊往南流。在这期间,含磷颗粒从表层沉降到深海的过程中不断被氧化腐解而释放出营养盐,这些被再生的营养盐和未被腐解的颗粒物质随着深层水流向太平洋方向迁移,一直到北太平洋深处,这个富集过程不断继续下去,使深层水中 PO_4-P 的含量从大西洋深层的 $1.2\ \mu mol/L$,逐渐提高到北太平洋深层的 $3\ \mu mol/L$。由此可见,之所以形成这种差别,是由于大洋环流和生物循环相互作用的结果。

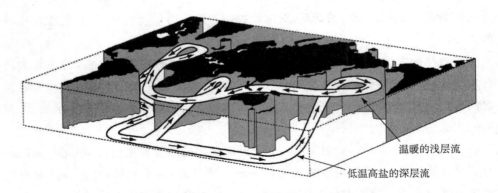

温暖的浅层流

低温高盐的深层流

图 5.3　磷酸盐由大西洋深层水向北太平洋深层水富集

二、垂直分布

在大洋的表层,由于生物活动吸收磷酸盐,使磷的含量很低,甚至降到零值。在 $500\sim800$ m 深水层内,含磷颗粒在重力的作用下下沉或被动物一直带到深海,由于细菌的分解氧化,不断地把磷酸盐释放回海水,从而使磷的含量随深度的增加而迅速增加,一直达到最大值($1\,000$ m 左右)。$1\,000$ m 以下的深层水,磷几乎都以溶解的磷酸盐的形式存在。由于垂直涡动扩散,使来源于不同水层的磷酸盐浓度趋于均等,磷酸盐的含量通常是固定不变的,或者可以说它的浓度随深度的增加变化很小。

三、季节变化

海水中磷的含量由于受生物活动及其他因素的影响而存在着季节的变化。尤其是在温带(中纬度)海区的表层水和近岸浅海中,磷酸盐的含量分布具有规律性的季节变化。

夏季,表层海水由于光合作用强烈,生物活动旺盛,摄取磷的量多。而从深层水来的磷补给不足,就会使表层水磷的含量降低,以致减为零值。在冬季由于生物死亡,尸骸和排泄物腐解,磷重新释放返回海水中,同时由于冬季海水对流混合剧烈,使底部的磷酸盐补充到表层,使其含量达全年最高值。

Cooper 等在英吉利海峡一个站位,曾经进行磷酸盐季节变化的多年按月观测。其结果是:最高值在冬季。

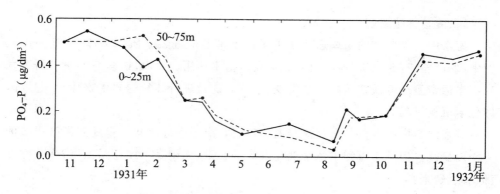

图 5.4　英吉利海峡海水磷酸盐的季节变化(Riley,Skirrow,1975)

四、河口磷酸盐的缓冲现象

河口磷酸盐的缓冲现象是 Stefansson 和 Richards 最初在哥伦比亚河口发现的,其原因是磷酸盐与悬浮颗粒物发生了液-固界面的吸附-解吸作用——即河口悬浮颗粒物能从富含磷酸盐的水体吸附磷酸盐,而后又能在低浓度水中释放出磷酸盐,这样就使水体的磷酸盐浓度保持在一个相对恒定的范围内。

第三节　硅

海水中的硅以悬浮颗粒态和溶解态存在。前者包括硅藻等壳体碎屑和含硅矿物颗粒,后者主要以单体硅酸 $Si(OH)_4$ 的形式存在,故可以 SiO_2 表示海水中硅酸盐的含量。硅的再生过程与磷和氮不同,它不依赖于细菌的分解作用,但若这些碎屑经过海洋生物摄取后消化而排泄出来,溶解速度会较快。在大洋的表层水中,因有硅藻等浮游植物的生长繁殖,使硅的含量大为降低,以 SiO_2 计,有时可低于 0.02 $\mu mol/L$;南极和印度洋深层水中 SiO_2 的含量约为 4.3 $\mu mol/L$;西北太平洋深层水中 SiO_2 的含量则高达 6.1 $\mu mol/L$。总的说来,硅酸盐的含量随海水深度的增加而增大,无明显的最大值。但在深海盆地和海沟水域中,硅酸盐含量的垂直分布往往出现最大值,此最大值可能处于颗粒硅被溶解的主要水层之中。

在 25℃时,SiO_2 在纯水中的溶解度为 180 $\mu mol/L$;0℃时则为 79 $\mu mol/L$。所以天然海水中硅酸盐处于不饱和状态,在海水中不可能出现 SiO_2 自行沉淀析出的

现象,只能是继续溶解。

海水中去除硅酸的主要途径是由于硅不可逆地进入硅质生物体中,迁入沉积物中,如硅藻、有孔虫、硅海绵对硅有很高的富集作用。然而,许多海洋学者研究发现沿岸通常呈现低盐度而高硅量的现象,认为这是进行硅酸的非生物移出的过程,即化学沉析过程。

硅在海洋中的含量分布规律与氮、磷相似,海洋中硅酸盐含量随着海区季节的不同而变化。但硅是海洋中浓度变化最大的元素,无论是丰度还是浓度,变化幅度都比氮、磷来得大。

一、水平分布

大洋表层水中,因有硅藻等浮游植物的生长繁殖,硅酸盐被消耗而使硅含量大为降低。深水中硅含量由大陆径流量最大的大西洋朝着大陆径流量最小的太平洋的方向显著增加,其他生源要素也是如此,这是由大洋环流方向和生物的循环所决定的。

海水中硅的最大浓度在白令海东部与太平洋毗邻的海区,这里底层水含硅量为 $180 \sim 200$ $\mu mol/L$,有时甚至高达 220 $\mu mol/L$。

二、垂直分布

海水中硅酸盐的垂直分布较为复杂,其含量基本上随深度的增加而逐渐增加。在太平洋底层水中,硅含量有时高达 270 $\mu mol/L$。

深层水中硅酸盐含量如此之高,不仅与生物体的下沉溶解有关,而且与底质表层硅酸盐矿物质的直接溶解有关。但是海洋中硅的含量随深度的增加而增加并不总是有规律的,在某些海区如深海盆地和海沟水域中,其垂直分布出现最大值。另外,三大洋水中硅的垂直分布也有很大的不同,太平洋和印度洋深层水中含硅量要比大西洋深层水中高得多。

三、季节变化

硅酸盐同磷酸盐、硝酸盐一样,由于生物生命过程的消长,其含量分布具有显著的季节性变化。

春季,由于硅藻等浮游植物繁殖旺盛,海水中硅酸盐含量大幅度减少,但由于含有大量硅酸盐的河水径流入海,因生物活动而减少的硅酸盐不像磷酸盐和硝酸盐那样可消耗至零;夏季,表层水温上升,硅藻生长受到抑制,硅含量又有一定程度的回升;冬季,生物死亡,其尸体下沉腐解使硅又重新溶解于海水中,海水中硅酸盐含量又迅速提高。

氮和磷必须在细菌的作用下才能从有机质中重新释放出来,而硅质残骸主要是靠海水对它的溶解作用。

第四节　营养元素对环境的影响

一、富营养化

富营养化是水体老化的一种现象,由于地表径流的冲刷和淋溶,雨水对大气的淋溶以及带有一定营养物质的废水、污水向湖泊和近海水域汇集,使得水体的沿岸带扩大,沉积物增加,氮、磷等营养元素浓度大大增加,造成水体富营养化。富营养化现象在人为污染的水域或自然状态的水域均会发生。

引起富营养化的物质,主要是浮游生物增殖所必需的元素,有碳、氮、磷、硫、硅、镁、钾等 20 余种,其中氮、磷最为重要。一般认为,氮、磷是生物生长的制约因子。

氮主要来源于大量使用化肥的农业排水和含有粪便等有机物的生活污水,磷主要来自含合成洗涤剂的生活污水。工业废水对氮、磷的输入也起着重要作用。微量元素铁和锰有促进浮游生物繁殖的功能,维生素 B_{12} 则是多数浮游生物生长和繁殖不可缺少的要素。

富营养化的指标大致分为物理、化学和生物学三类,其评价方法有:

① 单项指标法。

采用富营养化阈值进行评价,主要特征参数的临界值为:COD=1~3 mg/L,DIP=0.045 mg/L,DIN=0.2~0.3 mg/L。此外,叶绿素 a(1~10 mg/L)、初级生产力(1~10 mg/L)等也可作为指标。

② 综合指标法(营养状态指数法)。

$E=(COD \times DIN \times DIP \times 10^6)/4\ 500$,$E \geqslant 1$ 为富营养化。

③ 营养状态质量指数法(NQI 法)。

当 NQI≥3 时为富营养化水平。

二、赤潮

赤潮也称有害藻类(HAB),是指在一定环境条件下,海洋中的浮游微藻、原生动物或细菌等在短时间内突发性链式增殖和聚集,导致海洋生态系统严重被破坏或引起水色变化的灾害性海洋生态异常现象。

赤潮对环境的危害主要表现在:

① 影响水体酸碱度和光用度;

② 竞争消耗水体中的营养物质,并分泌一些抑制其他生物生长的物质;

③ 造成水体中生物量的增加,但种类数量减少;

④ 许多赤潮生物含有毒素,这些毒素可使海洋生物生理失调或死亡;

⑤ 赤潮藻也可使海洋生物呼吸和滤食活动受损,导致大量海洋动物机械性窒息死亡;

⑥ 处在消退期的赤潮生物大量死亡分解,水体中 DO 被大量消耗,导致其他生物死亡。

赤潮不仅严重破坏了海洋生态平衡,恶化了海洋环境,危害了海洋水产资源,危及海洋生物,而且威胁着人类的健康和生命安全。

赤潮大多发生在内海、河口、港湾或有上升流的水域;大多数赤潮发生在春、夏季,这与水温有关。

赤潮是一种复杂的生态异常现象,涉及水文、气象、物理、化学和生态环境的多学科交叉的海洋学问题。多数学者认为富营养化是形成赤潮的主要原因,但不是唯一的原因。温度、盐度、pH 值、光照、海流、风速、细菌量和微量元素等条件都对赤潮的形成有影响。不同海域,赤潮爆发成因也不同。

已知赤潮生物有 4 000 多种,40 多属,主要是甲藻和硅藻。

治理赤潮大多使用化学方法,如直接灭杀法、凝聚剂沉淀法和天然矿物絮凝法。其中,天然矿物絮凝法具有成本低、无污染等优点,是目前国际上较重视的应用方法。

我国赤潮记录总的来说东海和南海多于黄、渤海。20 世纪 50~90 年代,南海共记录了 145 次,占赤潮总数的 45.3%;东海区记录了 118 次,占总数的 36.3%;黄海区记录了 32 次,占记录总数的 10.0%;渤海区记录了 27 次,占赤潮总数的 8.3%。这表明赤潮发生的频次从北到南逐渐递增,但是赤潮规模从南到北则呈不断扩大的趋势。1998~2000年连续三年,国际上罕见的面积达到几千平方千米的特大赤潮都发生在渤海和东海。

第五节 化学耗氧量

在天然水及污水中除含有悬浮物及可溶性盐之外,还含有一部分有机化合物,其来源有:

① 由动、植物腐烂分解后的产物溶到水中,形成一些复杂的有机化合物;

② 生活污水及垃圾等排放到海水中而形成一些有机物质;

③ 由于排放工业污水而形成海水中的有机物。

水体中有机物在分解时要消耗氧,有机物多,耗氧量也大,致使溶解氧含量大大降低,导致水质不好,这种情况一般发生在近岸或河口附近。

水中有机物虽然多种多样,但主要由碳、氢、氧、氮组成,此外还有少量磷、硫等元素。有机物的化学组成非常复杂,要区别并测定它们比较困难,通常只测定有机物总量时一般采用间接测定的方法。

① 元素分析:分别测定海水中总有机碳、有机氮、有机磷等来反映有机物含量的指标;

② 化学耗氧量:用强氧化剂氧化水体中有机物,根据耗氧量的多少间接判断有机物的多寡。

一、化学耗氧量的定义

在一定条件下,1 L水中有机物质被强氧化剂氧化,所消耗氧化剂的量以mg/L O_2 表示,即为化学耗氧量。其数值取决于氧化剂种类、有机化合物成分及实验条件和操作等。

对于一般污染的水样,多采用高锰酸钾耗氧量法。此法具有简便、快捷的优点,在某种程度上能相对比较出水体污染的轻重程度,被视为衡量水体污染的标志之一。

二、碱性高锰酸钾法

1. 方法原理

取一定量的水样,在碱性条件下,加入一定量的高锰酸钾溶液,煮沸 10 min,氧化水样中的有机物质。

$$MnO_4^- + 2H_2O \Longrightarrow MnO_2 \downarrow + 4OH^-$$

冷却水样,加入硫酸及 KI 溶液,还原未反应的高锰酸钾和二氧化锰为二价锰,并析出与之等当量的碘。

$$MnO_2 + 2KI + 2H_2SO_4 \longrightarrow MnSO_4 + I_2 + K_2SO_4 + 2H_2O$$
$$2KMnO_4 + 10KI + 8H_2SO_4 \longrightarrow 2MnSO_4 + 5I_2 + 6K_2SO_4 + 8H_2O$$

再用淀粉做指示剂,用硫代硫酸钠溶液滴定游离碘:

$$2Na_2S_2O_3 + I_2 \longrightarrow Na_2S_4O_6 + 2NaI$$

2. 操作步骤

(1) 硫代硫酸钠的标定:

移取标准碘酸钾溶液 10.00 mL($c = 2.192 \times 10^{-3}$ mol/L),加 1 mL 1:3 H_2SO_4 溶液 + 0.6 g KI(固体),混匀,放暗处 2 min,加 50 mL 纯水,用硫代硫酸钠溶液滴定至浅黄色,加 1 mL 0.5% 淀粉溶液。此时溶液变为蓝色,继续用硫代硫酸钠溶液滴定到蓝色刚刚消失,记录滴定体积($V_{Na_2S_2O_3}$)。

(2) 高锰酸钾的标定:

移取高锰酸钾溶液 10.00 mL,加 1 mL 1:3 H_2SO_4 溶液 + 0.6 g KI(s),混匀,放暗处 2 min,加 50 mL 纯水,用硫代硫酸钠溶液滴定至浅黄色,加 1 mL 0.5% 淀粉溶液,此时溶液变为蓝色,继续用硫代硫酸钠溶液滴定到蓝色刚刚消失,记录滴定的体积(V_1)。

(3) 样品的测定:

取 100 mL 水样于 250 mL 三角瓶中(若有机物含量高,少取水样,加蒸馏水稀释到 100 mL),加入 1 mL 25% NaOH 溶液摇匀,加入 10 mL 高锰酸钾溶液及 2~3 粒玻璃珠。于电炉上加热至沸,准确煮沸 10 min,然后迅速冷却到室温(在水龙头下冷却)。加入 0.5 g KI 及 5 mL 1:3 的硫酸摇匀,立即用硫代硫酸钠溶液滴定至淡黄色,以淀粉(1 mL 0.5%)做指示剂继续滴定至蓝色刚刚消失,记下体积 V_2。两次滴定误差小于 0.10 mL。

3. 数据处理

硫代硫酸钠溶液的浓度：

$$c_{Na_2S_2O_3} = \frac{6c_{KIO_3} \times V_{KIO_3}}{V_{Na_2S_2O_3}} \quad (mol/L)$$

化学耗氧量：

$$COD(mg/dm^3) = \frac{c_{Na_2S_2O_3}(V_1 - V_2) \times 8}{100} \times 1\,000 = c_{Na_2S_2O_3}(V_1 - V_2) \times 80 \quad (mg/L)$$

4. 实验条件及方法讨论

① 碱性高锰酸钾法避免了酸性介质中氯离子的干扰。

② 在反应液中试剂用量、加入试剂的次序、加热时间等都必须保持一致，才能得到较正确的结果。

③ 水样中含有大量无机还原剂如二价铁离子、亚硝酸盐等，均能被高锰酸钾氧化，造成正误差。校正方法是取水样在冷时用高锰酸钾溶液滴定，将所得结果从煮沸条件下进行氧化时所消耗的高锰酸钾溶液总量中减去。

④ $c_{粒} = 0.049\,82$ mol/L（取 11.00 mL→250 mL）

三、紫外分光光度法

对渤海、北黄海、胶州湾、东海、长江口、南海及珠江口几百个海水样品紫外线扫描发现，不同海区的海水紫外线吸收波长在 200～220 nm 之间。其中渤海、北黄海与胶州湾海水样品在 208～210 nm 之间，而东海、长江口、南海及珠江口水样在 205 nm 附近。海水紫外线吸收吸光度与高锰酸钾法测 COD 值之间具有良好的线性关系。所以提出了用紫外分光光度法测定海水 COD 值的方法，发现紫外分光光度法与碱性高锰酸钾法测定海水 COD 值无显著性差异，可以满足快速监测的需要。

笔者曾于 2002 年得到陈国华老师的指导，研究一种海水水质监测的简便、可行的方法。经过多次实验，笔者得出如下结论：对于不同的海区，其主要有机物并不一样，造成其紫外线吸收有所不同。这样就可以针对不同海区，通过实验选择其最佳吸收峰，在此最佳吸收峰下以紫外分光光度法检测水区的 COD，达到快速监测的目的。

第六节　海水中活性硅酸盐的测定

　　海水中的硅以悬浮颗粒态和溶解态存在,其溶解态硅酸盐的平均浓度约 1 mg/L(以硅原子计),在太平洋深层水中达 4 mg/L(以硅原子计)。悬浮颗粒态硅包括硅藻等壳体碎屑和含硅矿物颗粒,溶解态硅主要以单体硅酸 $Si(OH)_4$ 的形式存在(含少量低聚合度的硅酸及其离子),故可以 SiO_2 表示海水中硅酸盐的含量。

　　活性硅酸盐是指溶解的可与钼酸铵试剂产生黄色反应的硅酸盐,即单分子或低聚合度的硅酸(聚合度不大于 2),以其硅酸根中的硅原子来计量,用符号 SiO_3^{2-}-Si 表示,单位为 $\mu mol/L$。

一、原理

　　在水样中加入酸性钼酸铵溶液,硅酸盐与酸性钼酸铵反应形成硅钼黄杂多酸,然后在草酸存在的条件下(草酸的作用可分解磷钼酸和砷钼酸,以消除干扰),被米吐尔-亚硫酸钠还原为硅钼蓝,其蓝色深度与硅酸盐含量成正比,其最大吸收波长为 820 nm(5 cm 比色皿)。

二、试剂

　　试剂名称:1:3 硫酸;酸性钼酸铵溶液;草酸溶液;对甲替氨基酚(硫酸盐)-亚硫酸钠溶液;硅标准溶液;人工海水。

　　混合试剂配制:米吐尔-亚硫酸钠溶液 100 mL,加草酸 60 mL,加 1:3 硫酸 120 mL,冷却后加纯水稀释到 300 mL。

表 5.1　硅酸盐混合试剂配制表

标准溶液体积(mL)	0.00	0.10	0.20	0.40	0.60	1.00
标准溶液浓度($\mu mol/L$)	0.000 0	0.650 8	1.302	2.603	3.905	6.508

三、仪器设备

　　分光光度计;铂坩埚。

四、样品采集

取海水样品 20 mL 用玻璃或金属采样器采集。采集后应立即在现场用 0.45 μm 滤膜过滤,贮存于聚乙烯塑料瓶中,于冰箱中(<4℃)保存。在 24 h 内分析完毕。

注:滤膜应预先在 0.5 mol/L 盐酸中浸泡 12 h,用纯水冲洗至中性,密封待用。

如果水样不能尽快分析时,最好在 -20℃ 冷冻贮存。冷冻贮存水样,硅倾向于聚合,分析之前,需将样品溶解,并放置 3 h 以上。

测定时,配置试剂等必须用无硅蒸馏水,若用玻璃容器贮存蒸馏水,必须是新蒸出的方可使用,最好贮存在聚乙烯等容器中。

五、操作步骤

1. 标准系列

(1)配制硅酸盐使用标准溶液:移取标准溶液 0.40 mL 于 50 mL 容量瓶中,用人工海水定容至 25 mL,混匀,浓度为 0.162 7 μmol/mL。(此方法受水样中离子强度的影响而造成盐度误差,除用盐度校正表外,最好用接近于水样盐度的人工海水制得硅酸盐的工作曲线)。

(2)分别移取使用标准溶液 0.00 mL,0.10 mL,0.20 mL,0.40 mL,0.60 mL, 1.00 mL 于 50 mL 塑料离心管中,用人工海水定容至 25 mL,加入 3 mL 酸性钼酸铵溶液,混匀,15 min 后,依次加入混合试剂 15 mL,用高纯水定容至 50 mL,混匀, 3 h 后以纯水为参比溶液进行比色测定(工作曲线应在水样测定实验室制定,工作期间每天加测标准溶液,以检查曲线,并须每个站位加测一份空白)。

2. 水样测定(双样)

取 25 mL 溶液经 0.45 μm 滤膜过滤后,置于 50 mL 塑料离心管中,加入 3 mL 酸性钼酸铵溶液,混匀,15 min 后,加入 15 mL 混合试剂,用高纯水定容至 50 mL, 混匀,3 h 后进行比色测定。

注意事项:测量水样时,硅酸盐溶液的温度与制定工作曲线时硅钼蓝溶液的温度之差不得超过 15℃。本法测量的最佳温度为 18℃~25℃,当水样温度较低时,可用水浴(18℃~25℃)。水中若含有大量铁质、丹宁、硫化物和磷酸盐则会干扰测定,加入草酸可以消除磷酸盐的干扰并降低丹宁的影响。如水样中硅酸盐的含量很低,可多取水样或改用较长光程的吸收皿测量;如水样中硅酸盐含量较高,则改

用较短光程的吸收皿测量。标准要与试样的测定条件一致。

3. 试剂空白的测定(双样)

取 25 mL 高纯水于 50 mL 塑料离心管中,加入 3 mL 酸性钼酸铵溶液,混匀,15 min 后,加入 15 mL 混合试剂,用高纯水定容至 50 mL,混匀,3 h 后进行比色测定($A_b{}'$)。

4. 液槽校正(Ac)

将三个比色皿注入高纯水,以其中一个为参比,测定其他两个液槽的吸光度,记录数值,要求 $Ac < 0.005$。

六、数据处理

1. 绘制工作曲线,计算 F 值

$$F = \frac{(V_2 - V_1)}{A_2 - A_1} \times c_使 \times \frac{1\,000}{V_样} \quad [\mu mol/(L \cdot A)]$$

式中,V_1,V_2 分别是所加入标准溶液的体积,mL。

A_1,A_2 分别是 V_1、V_2 所对应的吸光度。

$c_使$ 为使用标准溶液的浓度,$\mu mol/mL$;

2. 样品含量的计算

$$c_样 = F(A_w - A_b{}') \quad (\mu mol/L)$$

七、实验条件及方法讨论

1. 酸度和钼酸铵浓度的影响

浓度过高的钼酸铵溶液可能被还原剂所还原,因此,加入还原剂之前向溶液中加入硫酸提高酸度。但在高酸度下,硅钼黄杂多酸不稳定,每分钟约降低 1% 光密度,所以将硫酸和米吐尔-亚硫酸钠一起加入。

2. 还原剂

米吐尔试剂用量太低,反应速度慢。实验证明,在米吐尔还原剂中加入亚硫酸钠溶液,可以提高还原效率。

3. 干扰元素

为防止磷、砷的干扰,测定时加入 10% 草酸溶液。但是,在草酸溶液中,硅钼酸络合物稳定性差,因此草酸溶液应和米吐尔-亚硫酸钠一起加入。

缺氧气的水中可能存在大量硫化氢,可将样品稀释或用溴水氧化硫化氢,过量的溴用强空气流驱赶。

氟化物含量高于 50 mg/L 时,能使硅钼酸络合物的蓝色变淡,为消除氟离子的干扰,可用硼酸络合氟离子,即于 35 mL 水样中加入 1 mL 0.1 mol/L 硼酸。

高浓度的铁、铜、钴、镍等金属离子,由于本身有颜色而造成干扰,进行光密度测定时,应用样品制备参比液。

4. 盐误差

实验证明,该方法的盐误差与海水的氯度呈线性关系:

$$D = D_0(1 + 0.005\,78Cl)$$

式中,D_0 为在 812 nm 处测得的光密度。

Cl 为海水的氯度。

D 为经盐误差校正后的光密度。

5. 温度

温度升高使硅钼酸催化分解,一般每升高 10℃,消光值约降低 3%。

第七节　海水中活性磷酸盐的测定

海水中的磷主要以颗粒态和溶解态存在。颗粒态磷主要为含有机磷和无机磷的生物体碎屑及某些磷酸盐矿物颗粒;溶解态磷包括有机磷和无机磷,溶解态的无机磷是正磷酸盐,主要以 HPO_4^{2-} 和 PO_4^{3-} 的离子形式存在。

海水中溶解态磷酸盐是指以孔径为 0.45 μm 醋酸纤维滤膜为界,能通过的为溶解态磷酸盐,不能通过的为颗粒态磷酸盐。

活性磷酸盐指的是溶解态的可与钼酸铵试剂产生反应的正磷酸盐(无机磷),以磷酸根中的磷原子来计量,用符号 PO_4-P 表示,单位为 μmol/L。

一、原理

在水样中加入一定量混合试剂(硫酸-钼酸铵-抗坏血酸-酒石酸锑钾)。水样中可溶性磷酸盐在硫酸介质中先与钼酸铵反应形成磷钼黄杂多酸,然后在酒石酸锑钾的存在下,被抗坏血酸还原为磷钼蓝,蓝色的深度与磷酸盐的含量成正比。此磷钼蓝络合物的最大吸收波长为 882 nm。此法的盐误差不大于 1‰,故测定时不必进行盐误差校正。

二、试剂

硫酸;钼酸铵溶液;抗坏血酸溶液;酒石酸锑钾溶液;磷酸盐标准溶液。

混合试剂的配制:50 mL 硫酸(3 mol/L)、20 mL 钼酸铵(2%)、20 mL 抗坏血酸(5.4%)和 10 mL 酒石酸锑钾(0.136%)混合配制而成。

表 5.2　磷酸盐混合试剂配制表

标准溶液的体积(mL)	0.00	0.50	1.00	2.00	3.00	5.00
标准溶液的浓度(μmol/L)	0.000 0	0.234	0.467	0.934	1.402	2.336

三、仪器设备

分光光度计;滴定管;容量瓶;反应瓶。

四、操作步骤

1. 标准系列

(1)标准使用液的配制:移取贮备的标准溶液 0.25 mL 于 100 mL 容量瓶中,用高纯水稀释到刻度,混匀。浓度为 0.023 36 μmol/mL。

(2)标准系列:分别移取使用标准溶液 0.0 mL,0.5 mL,1.0 mL,2.0 mL,3.0 mL,5.0 mL 于 50 mL 比色管中,加高纯水至 50 mL,依次加入 5.0 mL 混合试剂,混匀,15 min 后,以高纯水做参比溶液($L=5$ cm),测定各个溶液的吸光度。

2. 水样测定(双样)

取 50 mL 经 0.45 μm 滤膜过滤的水样于 50 mL 比色管中,加 5.0 mL 混合试剂,混匀,15 min 后,以高纯水做参比溶液,测定溶液的吸光度(A_w)。

3. 试剂空白的测定(双样)

取 50 mL 高纯水于 50 mL 比色管中,分别加入一倍 A_b(5.0 mL)试剂和半倍试剂 $A_b/2$(2.5 mL),15 min 后,以高纯水做参比溶液,测定溶液的吸光度。

4. 液槽校正(A_c)

将三个比色皿中注入高纯水,以其中一个为参比溶液,测定其他两个液槽的吸光度,记录数值,要求 $Ac < 0.005$。

五、数据处理

1. 绘制工作曲线,计算 F 值

$$F = \frac{(V_2 - V_1)}{A_2 - A_1} \times c_{使} \times \frac{1\,000}{V_{样}} \quad [\mu mol/(L \cdot A)]$$

式中,V_1,V_2 分别是所加入标准溶液的体积数,mL。

A_1,A_2 分别是 V_1,V_2 所对应的吸光度。

$c_{使}$ 是使用标准溶液的浓度,μ mol/mL。

2. 样品含量的计算

$$c_{样} = F \times (Aw - A_{rb}) \quad (\mu \, mol/L)$$

试剂空白:$A_{rb} = 2 \times (A_b - A_b/2)$

六、实验条件及方法讨论

1. 离子的干扰

硅酸盐的浓度若低于 10 mg/L,不影响磷酸盐的测定。Koro Leff 认为硅钼蓝的反应速度比磷钼蓝慢,为防止硅的干扰,当磷发色 5 min 后立即测定。若延长时间,溶液中逐渐形成硅钼蓝,影响测定结果。在开始 1 h 之内,测定结果呈线性增加,时间再长,增加就小了。硅酸盐的影响与酸度有关,酸度高,影响变小。

砷酸盐也能形成颜色与磷酸盐类似的砷钼酸,只是天然水中砷酸盐浓度只有 0.03 μg/L,干扰不严重。而且以上实验条件下,砷钼蓝反应速度较慢。

当硫化氢的浓度低于 2 mg/L 时,对磷酸盐的测定没有干扰。但在不流动的海盆深水中常常有高达 20 mg/L 的硫化氢,当加入酸性钼酸铵试剂时,易形成胶体硫。遇此情况,若磷酸盐含量高,将水样按适当的比例稀释即可。若磷酸盐含量不高,可将水样酸化后加入溴水氧化硫化氢,水样中过量的溴可用强空气流驱赶。

2. 还原时加入锑盐的作用

使还原时间由 24 h 缩短为 10~20 min,且钼蓝的颜色可稳定 24 h。

3. 盐误差小于 1%

可用蒸馏水测定校准因子 F。

测定时,若使用同一个仪器、同一种试剂,F 值几乎为一恒定值。

4. 方法的精度

磷酸盐浓度为 0.9 $\mu g/L$(以 P 原子计)时,相对误差为 ±5% 左右。若磷酸盐浓度为 0.2 $\mu g/L$(以 P 原子计)时,相对误差为 ±15%。

七、样品的贮存

含磷酸盐的水样,在贮存时由于生物、酶和吸附作用,使磷酸盐的浓度在很短的时间内(采样后 1 h)就能发生变化,所以样品采集后应尽快(约半小时)进行测定。若不能及时测定,应采取相应的措施固定水样中的磷。磷酸盐水样应贮存在玻璃瓶中,若贮存在聚乙烯瓶中,磷酸盐能迅速被器壁及器壁上的微生物迅速摄取。

1. 冷冻法

水样经 0.45 μm 滤膜过滤后,迅速放在冰箱中快速冷冻到 -20℃。Strachlard 和 Parsons(1968)认为按这种方法贮存水样,磷酸盐可以稳定几个月;但 Gilmartir(1967)却认为当水样中微生物含量高的话,即使深度冷冻,仍能导致磷酸盐快速分解。

如果水样仅需存放几个小时,可将样品避光贮存在冰箱中。

2. 化学防腐

于水样中加入化学试剂,防止生物活动,通常使用的方法为酸化水样,加入氯仿或者 $HgCl_2$。

酸化水样:于水样中加入硫酸(100 mL 水样加入 1 mL 8 mol/L 硫酸),使其 pH 值约为 1.5,即可阻止细菌及生物活动。但酸化水样可能导致有机磷水解、无机聚合磷分解,造成结果偏高。

加入氯仿:于 100 mL 水样中加入 0.7 mL 氯仿。但有人认为加入氯仿可能导致植物细胞分解,释放出磷酸盐。

一般情况下,采样后迅速冷冻至 -20℃ 于玻璃瓶中保存水样。

第八节　海水中亚硝酸盐的测定

亚硝酸盐是无机氮化合物之一,它是氧化为 NO_3-N 和还原为 NH_4-N 的中间产物,不稳定。通常,海水中的亚硝酸盐的浓度是最低的(小于 $0.1\ \mu g/L$,以氮原子计)。

一、原理

在酸性条件下,水样中的亚硝酸氮与磺胺反应,形成重氮化合物,继而再与 α-萘乙二胺偶联,形成重氮-偶氮化合物(红色染料),其最大吸收波长为 540 nm。该法简称 B. R 法。

二、试剂

盐酸;对氨基苯磺酰胺溶液;α-萘基乙二胺的盐酸盐溶液;亚硝酸盐标准溶液。

表 5.3　亚硝酸盐标准液配比表

标准溶液的体积(mL)	0.00	0.50	1.00	2.00	3.00	5.00
标准溶液的浓度($\mu mol/L$)	0.000 0	0.245 9	0.491 8	0.983 6	1.475	2.459

三、仪器设备

分光光度计;容量瓶;反应瓶。

四、操作步骤

1. 标准系列

(1) 配制使用标准溶液:准确移取贮备的标准溶液 0.15 mL 于 100 mL 容量瓶中用高纯水稀释到刻度,混匀,浓度为 0.024 59 $\mu mol/mL$。

(2) 标准系列:分别移取使用标准溶液 0.00 mL,0.50 mL,1.00 mL,2.00 mL,3.00 mL,5.00 mL 于 50 mL 比色管中。加高纯水至 50 mL,依次加入 1.0 mL 磺胺溶液,混匀,1 min 后,加 1.0 mL α-萘乙二胺溶液,混匀,15 min 后以高纯水为参比溶液($L=5$ cm),测定各个溶液的吸光度。

2. 水样测定(双样)

取 50 mL 经 0.45 μL 滤膜过滤的水样于 50 mL 比色管中,加 1.0 mL 磺胺,混匀,1 min 后,加 1.0 mL α-萘乙二胺溶液,15 min 后,以高纯水做参比溶液,测定溶液的吸光度(A_w)。

3. 液槽校正(A_c).同磷酸盐测定

五、数据处理

1. 绘制标准曲线，计算 F 值

$$F=\frac{(V_2-V_1)}{A_2-A_1}\times c_{使}\times\frac{1\,000}{V_样}\quad\left[\mu mol/(L\cdot A)\right]$$

式中，V_1，V_2 分别是所加入的体积数，mL。

A_1，A_2 分别是 V_1，V_2 所对应的吸光度。

$c_{使}$ 为使用标准溶液的浓度，$\mu mol/mL$。

2. 样品含量的计算

$$c_样=F\times A_w\quad(\mu mol/L)$$

六、实验条件及方法的讨论

(1) B. R 法灵敏度比较高，反应速度快，室温下，10 min 已完全。

(2) 若有大量硫化氢存在时，对测定有干扰，遇此情况用氮气赶走硫化氢。在天然海水中，硫化氢和亚硝酸盐不能共存。

(3) 亚硝酸盐浓度在 $0\sim10$ $\mu g/L$(以氮原子计)范围内符合比尔定律。

(4) 盐效应：通常海水中亚硝酸盐浓度较低，不需考虑盐度的影响。

(5) 若水样中亚硝酸盐含量高，说明水样的细菌活性较高，这种水样应在采样后半小时内进行分析。

第九节　海水中硝酸盐的测定

硝酸盐是海洋生物的营养盐之一，其含量在海水无机氮中占较大比例，它是含氮化合物的最终氧化产物。海水硝酸盐以其硝酸根中的氮原子来计量，用符号 NO_3-N 表示，单位为 $\mu mol/L$。

一、原理

在中性或弱碱性的条件下，海水中硝酸氮被镉-铜还原剂还原为亚硝酸氮，然后按照亚硝酸氮重氮-偶氮法进行比色测定，扣除海水中原有的亚硝酸氮含量，即得海水中硝酸氮的含量。

二、试剂

三氯甲烷;锌卷;人工海水;低氮海水;氯化镉;对氨基苯磺酰胺溶液;α-萘乙二胺的盐酸盐溶液;硝酸盐标准溶液。

表 5.4　硝酸盐标准液配比表

标准溶液的体积(mL)	0.00	0.50	1.00	2.00	3.00	5.00
标准溶液的浓度(μmol/L)	0.000 0	0.678 0	1.356	2.712	4.068	6.780

三、仪器设备

分光光度计;振荡器;具塞广口玻璃瓶;定量加液器;秒表。

四、操作步骤

1. 标准系列

配制硝酸盐的使用标准溶液:移取贮备标准溶液 0.65 mL 于 100 mL 容量瓶中,用高纯水定容至 100 mL,混匀,浓度为 0.067 80 μmol/mL。

2. 移液

分别移取使用标准溶液 0.00 mL,0.50 mL,1.00 mL,2.00 mL,3.00 mL,5.00 mL于 100 mL 比色管中,加高纯水至 50 mL,加氨性缓冲溶液至 100 mL,混匀。

3. 样品的测定

取 50 mL 样品于 100 mL 比色管中,加氨性缓冲溶液至 100 mL,混匀。

4. 过柱还原

将上述溶液分别过柱还原,先用约 40 mL 溶液洗涤还原柱,截取后面的 50 mL 溶液于 50 mL 比色管中。

5. 比色测定

将还原后的溶液,分别加入 1.0 mL 磺胺溶液,混匀,1 min 后,加 1.0 mL α-萘乙二胺溶液,混匀,15 min 后,以高纯水为参比溶液,进行比色测定。

6. 试剂空白的测定($A_b{}'$)

直接截取 50 mL 经过还原的氨性缓冲溶液,显色测定其吸光度。

7. 液槽校正(Ac):同磷酸盐的测定。

五、数据处理

1. $\text{回收率} = \dfrac{A_{NO_3}}{A_{NO_2}} \times \dfrac{2c_{NO_2}}{c_{NO_3}} \times 100\%$

2. 绘制标准曲线,计算 F 值

$$F = \frac{(V_2 - V_1)}{A_2 - A_1} \times c_{使} \times \frac{1\,000}{V_{样}} \quad [\mu\text{mol}/(\text{L} \cdot \text{A})]$$

3. 含量

$$c_{NO_3 + NO_2} = F_{NO_3} \times \left(A_w - \frac{1}{2} A_b{}' \right)$$

$$c_{NO_3} = c_{NO_3 + NO_2} - c_{NO_2}$$

六、实验条件和方法的讨论

1. 还原柱的制备

取镉粒用 2 mol/L 盐酸浸洗后,再用蒸馏水洗涤,然后与硫酸铜溶液(3%)振摇 3 min,慢慢弃去硫酸铜溶液,以蒸馏水洗涤 5~6 次。之后将镀铜的镉粒装入还原柱中。为了避免铜被空气中的氧气氧化,所以 Cd-Cu 还原剂一定不能暴露在空气中,而应密闭浸入水中。

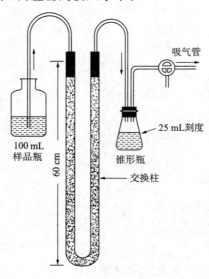

图 5.5　还原柱 Grasshoff

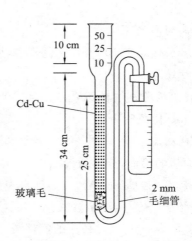

图 5.6　还原柱 Wood

还原柱在使用之前,需用 250 mL 碱性缓冲溶液(pH 为 8.5 左右)通过还原柱。还原柱可连续使用几个月,若还原率小于 95％则应按一定的方法进行活化。

2. 还原柱的回收率

于 50 mL 蒸馏水中加入已知浓度的硝酸盐,再加入等体积的碱性缓冲溶液,混合均匀,使其通过还原柱,流速 100 mL 每 3～4 min,收集还原液按亚硝酸盐B. R法进行比色。取与硝酸盐浓度相同的亚硝酸盐,按 B. R 法比色测定。其消光值分别为 $E_{NO_3^-}$ 和 $E_{NO_2^-}$。

回收率为 $E_{NO_3^-} / E_{NO_2^-}$。

七、样品的贮存

为了防止硝酸盐的浓度发生变化,取样后立即分析。若需要放置几个小时,可将样品置于冰箱中。需要长期贮存,应向水样中加入碱性缓冲溶液或加速深度冷冻至 $-20℃$。

第十节　海水中氨、氮的测定

氨亦称为总氨,是无机氮的存在形式之一,其含量远低于 NO_3-N。它包含离子态铵(NH_4^+)和非离子态氨(NH_3)。海水中铵离子是总氨的主要存在形式,非离子态氨和离子态氨的比例受 pH 和温度的影响,pH 和温度升高,非离子态氨含量增加,非离子态氨对鱼类和海洋生物有毒害作用。

通常测定海水中氨含量包括了 NH_4^+ 和 NH_3。习惯上所指的氨即为总氨,常用 NH_3-N 表示,单位为 $\mu mol/L$。

一、原理

在强碱性的条件下,海水中的氨-氮被次溴酸钠氧化为亚硝酸-氮,然后在酸性条件下,用重氮-偶氮法测定亚硝酸-氮的总含量,扣除海水中原有的亚硝酸-氮的含量,即为海水中氨-氮的含量。

$$BrO_3^- + 5Br^- + 6H^+ \longrightarrow 3Br_2 + 3H_2O$$

$$Br_2 + 2NaOH \longrightarrow NaBrO + NaBr + H_2O$$

$$3BrO^- + NH_4^+ + 2OH^- \longrightarrow NO_2^- + 3H_2O + 3Br^-$$

二、试剂

盐酸;对氨基苯磺酰胺溶液;α-萘乙二胺的盐酸盐溶液;亚硝酸盐标准溶液;次溴酸钠;磺胺。

次溴酸钠氧化剂的制备过程包括贮备液的制备和使用液的制备。

贮备液:称取 2.5 g 溴酸钾及 20 g 溴化钾溶于 1 000 mL 无氨蒸馏水中,溶液稳定。

使用液:取 1 mL KBr-KBrO₃ 贮备液,加入 3 mL 盐酸(1∶1)和 50 mL H_2O,混匀,置于暗处 5 min 后,再加入 50 mL NaOH(40%)溶液,混匀。

三、仪器设备

分光光度计;容量瓶;反应瓶;比色管;滤膜。

四、操作步骤

1. 标准系列

(1) 使用标准溶液的配制。移取贮备标准溶液 0.35 mL 于100 mL容量瓶中,用无氨高纯水定容至 100 mL,混匀,浓度为 0.291 8 μmol/mL。

(2) 标准系列的配制。分别移取使用标准溶液 0.00 mL,0.10 mL,0.20 mL,0.40 mL,0.60 mL,1.00 mL 于 50 mL 比色管中,加无氨高纯水至 50 mL,依次加入 5.0 mL 次溴酸钠氧化剂,混匀,氧化 30 min 后,再加 5.0 mL 磺胺溶液,混匀;5 min后,加 1.0 mL α-萘乙二胺溶液,混匀,15 min 后以高纯水为参比溶液(L=3 cm),测定各个溶液的吸光度。

表 5.5　氨氮标准液配比表

标准溶液的体积(mL)	0.00	0.10	0.20	0.40	0.60	1.00
标准溶液的浓度(μmol/L)	0.000	0.583 6	1.167	2.334	3.502	5.836

2. 水样的测定

取 50 mL 经 0.45 μm 滤膜过滤的水样于 50 mL 比色管中,加入 5.0 mL 次溴酸钠氧化剂,混匀。氧化 30 min,加 5.0 mL 磺胺溶液,混匀。5 min后,加 1.0 mL α-萘乙二胺溶液,混匀,15 min 后以高纯水为参比溶液测定溶液的吸光度(Aw)。

3. 试剂空白的测定(双样)

取 50 mL 无氨纯水于 25 mL 比色管中,加5.0 mL磺胺溶液,混匀。再加入 5.

0 mL 次溴酸钠氧化剂,混匀。5 min 后,加 1.0 mL α-萘乙二胺溶液,混匀,15 min 后以高纯水为参比溶液测定溶液的吸光度(A_b')。

4. 液槽的校正(Ac):同磷酸盐的测定

五、数据的处理

1. 绘制标准曲线,计算 F 值

$$F = \frac{(V_2 - V_1)}{A_2 - A_1} \times c_{使} \times \frac{1\ 000}{V_{样}}$$

式中,V_1,V_2 分别是所加入标准溶液的体积数,mL;

A_1,A_2 分别是 V_1,V_2 所对应的吸光度。

$c_{使}$ 为使用标准溶液的浓度,$\mu mol/mL$。

2. 样品含量的计算

$$c_{NH_3 + NO_2} = F \times (A_W - A_b')$$

$$c_{NH_3} = c_{NH_3 + NO_2} - c_{NO_2}$$

六、实验条件及方法的讨论

(1) 氧化率明显受温度的影响,温度低则反应速度慢,所以标准和水样的温差不得超过 2℃。

(2) 过量的 NaBrO 会影响最后的重氮化反应,因为 NaBrO 和对氨基苯磺酰胺进行反应。另外,发生氧化反应时,溶液的碱性强,必须加酸中和,所以对氨基苯磺酰胺溶液酸性应该大而且用量也多。

(3) 该法的回收率为 97%,灵敏度高,没有盐误差。

(4) 该法氧化速度快,在 15～30 min 内即可完全氧化。

第六章　海洋化学分析技术的进展

近年来,海洋化学分析技术伴随着学科的相互交叉、渗透而日趋成熟,从研究海水中元素和物质的含量、组成、分布进入到以研究元素的存在形式和它们的化学性质阶段,即海水化学模型研究阶段;从均相水体的研究,发展到非均相界面的研究。

例如,对海洋中平流与扩散过程的了解大多来自对化学示踪物质的测量,而不是来自对水体移动的直接测量。

近年来,海洋学家对大气臭氧层的关注,使我们对 CFCs 的特性及其监测的研究越发深入。CFCs(英文全称 Chloro-Fluoro-Carbon)为氯氟烃的英文缩写,是 20世纪 30 年代初人类发明并且开始使用的一种人造的含有氯、氟元素的碳氢化学物质,在人类的生产和生活中有重要的用途。在一般条件下,氯氟烃的化学性质很稳定,在很低的温度下会蒸发,因此,曾用作冰箱冷冻机的制冷剂。它还可以用来做罐装发胶、杀虫剂的气雾剂。另外,电视机、计算机等电器产品的印刷线路板的清洗也离不开它们。氯氟烃的另一大用途是做塑料泡沫材料的发泡剂,日常生活中许许多多的地方都要用到泡沫塑料,如冰箱的隔热层、家用电器减震包装材料等。

CFCs 在大气中的浓度几乎呈指数式增加,溶解在表层水中的 CFCs 浓度与大气达到平衡。目前,浓度约为 5 pmol/kg CCl_3F(Freon−11)和 CCl_2F_2(Freon−12)。CFCs 浓度的增加伴随着 Freon−11/ Freon−12 的比值而变化,根据该比值就可以了解水体自从与大气平衡后经历的时间。

自从发明了带电子捕获探头(ECD)的气相色谱,以及采用严格的流程以避免来自大气与实验室环境的污染,测定海水中极低浓度的 CFCs 也成为可能。该方法具有极高的灵敏度,可精确测定的最低浓度为 0.005 pmol/kg。

^{14}C 放射性核素,半衰期为 5 730 a,可以用来确定水体离开表层后的时间。以往用液体闪烁计数方法测定,需要从至少 200 L 水体中进行富集。最近,加速器质谱的发展使得^{14}C 的精确测定仅需 200 mL 水。

描绘海洋吸收大气 CO_2 的空间分布,必须同时测定海水的 TCO_2 和 pH,且精度均需低于 0.1%。海水中的 TCO_2 含量测定可采用库仑滴定法,其精度低于 0.1%,且已建立了规范的测定流程;海水 pH 的测定可采用依据指示剂的分光光度法,其精度低于 0.1%。海水-大气 CO_2 分压可以用红外探测器连续测定表层海水与大气中的 CO_2 含量。

有机组分、同位素及痕量金属等的测量除了在采样、富集和分析方法上的改进和提升外,更伴随着物理化学在海洋化学中的渗透以及分析技术水平的提高,加快了其技术革新及测量仪器的更新速度,色谱、质谱、荧光光度计、原子吸收光谱、流动注射分析、电化学分析等交互渗透,使得每一次海洋分析测量技术上的进步都为推动海洋化学的发展做出了不可磨灭的贡献。

红外光谱仪　　　高速冷冻干燥机　　紫外-可见分光光　　离子色谱仪
　　　　　　　　　　　　　　　　　　度计

营养盐自动分析仪　气相色谱-质谱　　高分辨Coulter　　气相色谱仪
　　　　　　　　　联用仪　　　　　颗粒计数器

图 6.1　常见的海洋化学分析仪器

现代测量技术的兴起使化学分析仪器(如 DO、H^+、痕量金属电化学传感器)研发和船载流动式测量成为可能,其具有高时空分辨率、时间序列数据、消除人为因素影响等优势。但实时校正的限制以及有限的精度和稳定性是其无法克服的弱点。

以现场盐度测试仪器的设计为例,除了具有实验室盐度计结构之外还必须参考压力效应校正、信号传输记录以及恶劣的海况条件等。习惯上把现场同时测定盐度(电导率)、温度和压力的仪器称为 STD 或 CTD。两者的区别在于 STD 的感应探头内部带有模拟海水温度、压力对电导率影响的补偿线路,结果直接显示盐度。而 CTD(如图 6.2、图 6.3 所示)是现场测定电导率、温度和压力,按盐度与电导的关系式计算盐度。

由于 STD(或 CTD)操作简单方便,且能反映现场(任意深度)的即时盐度,为海洋调查提供了很大的方便,但是,现场盐度计的精度还不及实验室的盐度计。由于温度测量部分或温度补偿部分的时间常数很难和电导率测量部分一致,特别在温度分布不均匀的海区,出现不易校正的虚线越变。

在实际的调查过程中,可根据不同情况选择实验室盐度计或现场盐度计。通常情况下,在采样时将 STD(或 CTD)放在采水器上,在采水的同时记录温盐深,作为各参数的参考因素。但如果盐度作为调查的一个方面,则应在 STD 测定的基础上用实验室盐度计重新对所采的样品进行测定。

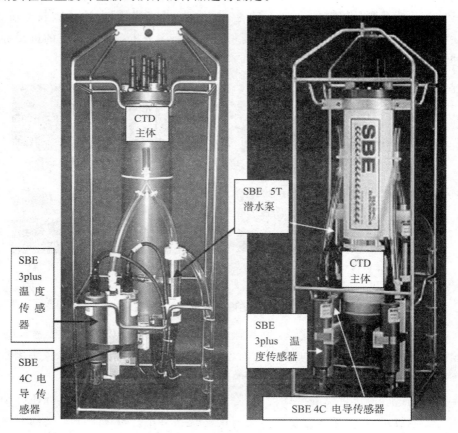

图 6.2　单温单盐型 Seabird 911plus CTD　图 6.3　双温双盐型 Seabird 911plus CTD

第一节 CTD 简介

CTD 在海洋调查领域,特指一种用于探测海水温度、盐度、深度等信息的探测仪器,名为温盐深剖面仪。

海水 CTD 参数的测量:电导率 C 与一定海水水柱的电阻有关,可以通过流过电导池的海水的电阻随海洋环境(海水的温度、压力和盐度)的变化来提取;温度的变化通过热敏电阻反映海水的温度 T;而深度 D 一般通过压力测量,压力的测量采用应变式硅阻随深度的变化取得。其所有参数都可以归结到一种物理量的测量,即实际上传感器感应的海水 CTD 参数,通过转换电路,输出为电信号。其传输特性为高次多项式关系:

$$K = \sum_{i=0}^{n} a_i R^i$$

式中,K 为海水 CTD 参数,a 为常数项,R 为转换电路输出之电信号。

目前,CTD 剖面仪的温度传感器,广泛采用是热敏电阻或者铂电阻。热敏电阻的阻值较大,灵敏度高,温度的传输函数为指数线性,易于制作,一般为珠状或片状,稳定度达到 0.001 ℃/a,响应时间为 60 ms。铂电阻的最大特点是温度的传输函数是线性,铂的性能稳定,缺点是同样尺寸的铂电阻阻值比热敏电阻小,精度和稳定性方面,两者相差无几。目前,CTD 剖面仪的温度传感器几乎都采用了热敏电阻。

电导率传感器主要分为电极式和感应式,其精度均为 0.001 ms/cm。两种传感器各有优点。一般来说,电极式电导率测量精确度高,抗干扰能力强。但是时间常数大,易污染,清洗复杂。感应式传感器坚固稳定,响应速度快,易清洗,但是易受电磁的干扰,精度不高。美国 Seabird 公司采用电极式电导率传感器,设计了潜水泵强制水流速度,消除盐度尖锋,成果显著。通过温度传感器的时间常数,调节泵流量,实现数字补偿,有独到之处。

压力传感器多半是应变式与硅阻传感器。近年来,硅阻式压力传感器有取代应变式之势。

近年来,我国 CTD 测量技术发生了巨大变化,无论从高精度 CTD 剖面仪研制上,还是 CTD 检定设备标准的建立方面,都达到甚至赶上了国际同类产品的先进水平。2002 年,笔者曾参与“东方红 2”船实验室针对国产高精度 CTD 剖面仪和美国 Seabird 公司的 Seabird 911plusCTD 进行的海上同船现场测试,二者数据曲线拟合完好,响应和分辨率在时间和空间上各有千秋,充分展现了国产 CTD 技术的优势。

随着海洋世纪的到来,CTD 测量技术越来越受到世界各国的普遍重视,其发展前景将更加广阔。

第二节　Seabird 9plus CTD 参数

“东方红 2”船配有 Seabird 9plus 系列直读式 CTD 两台,分别为单温单盐型和双温双盐型,并配有 12×8 L 和 12×12 L 采水器架各一,可根据采样量的需求更换,其具体参数如表 6.1 所示。

表 6.1　Seabird 9plus CTD 参数

传感器的类型	温度(℃)	电导率(S/m)	压力	模拟/数字输入
量程	−5~35	0~7	可耐压范围	0~+5 V
初始的准确度	±0.001	±0.000 3	全量程的±0.015%	±0.005 V
标准数值的漂移	每月 0.000 2	每月 0.000 3	每年全量程的 0.02%	每月 0.001 V
分辨率	0.000 2	0.000 04	全量程的 0.001%	0.001 2 V
可调校的范围	−1.4~+32.5		Paroscientific 数字式石英压力校准及 Sea-bird 温度校准	
响应时间	0.065 s	0.065s	0.015s	

每套 CTD 标配附件如下:

(1) 17027 型专用海水连接电缆;17171 凸型密封接头配 17888 型锁纽;17044 型 2 针密封接头配 17043 型锁纽。

SBE 9+CTD 海水数据缆

密封盲堵及锁纽

二针密封堵头及锁纽

图 6.4 CTD 常用配件

（2）电导池清洁溶液；电导池充液器；压力传感器密封油注射器；电导传感器专用密封圈和扎带；专用拆装工具袋；电子版说明书和软件

电导池清洗试剂

电导池填充器

压力传感器密封油及注射器

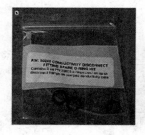
密封"O"型圈

拆卸工具

使用手册及软件光盘

图 6.5 CTD 常用配件

Seabird 9plus 型 CTD 可于海水或淡水环境对温度、电导率、压力及其他多达 8 种附加传感器监测数据进行连续测量，其外部材料可极限耐压静纯水 10 500 m（铝合金耐压 6 800 m，钛合金耐压 10 500 m）。采样速率为 24 Hz，以作业于垂直液体剖面获取测量数据。其主体部分包括获取数据之电子元器件、遥感电路、数字压力传感器。压力传感器通过主体下端突出的油封塑料管获取外部压力的数据。主体上下两端皆有耐压水密接头，以连接采水器架、主控单元及各传感器。

Seabird 9plus 标准部件如下：

① 耐压 6 800 m 的铝合金主体。

② 标准化组件——SBE 3plus 温度传感器、SBE 4C 电导率传感器。

③ 数字化压力传感器。

④ 为保证温度、电导率同水层测量设计的导管。

⑤ SBE 5T 潜水泵：潜水泵和温度、电导率导管设计都是为了减少由于船舶起伏造成的盐度尖峰，在平静的海域可以降低投放速率以获取更高品质的数据；潜水泵由高盐海水的电导率控制开关。

⑥ 8 个 12bit 差分输入、低频过滤通道用以连接各种附加传感器。

⑦ 300 波特率的调制解调器用以操控采样。

⑧ 附件如连接线缆、水密接头、不锈钢保护帽等。

SBE 11plus V2 甲板单元（主控单元）与 Seabird 9plus 型 CTD 连用，即"东方红 2"船现役 CTD 系统——SBE 911plus。

SBE 11plus V2 甲板单元外形为行李架式固定安装结构，通过铠装电缆为 Seabird 9plus CTD 提供直流电，并解码其反馈的数据流，通过 RS232 接口向计算机传输数据，如图 6.6 所示。

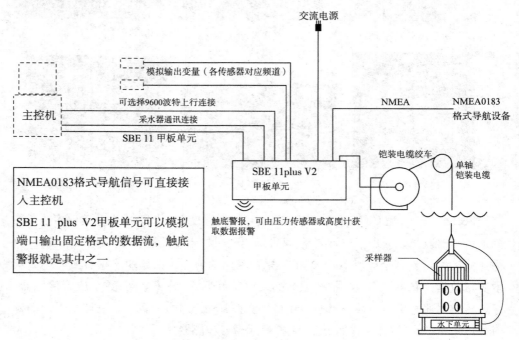

图 6.6　SBE 911plus CTD 系统示意图

第三节　CTD 系统的操作步骤

SBE 911plusCTD 系统的操作步骤如下：

（1）启动 SBE 11plus V2 甲板单元，确认数据流及编译码流程通过仪器自检。

（2）启动主控计算机上的 seasave V7 程序如图 6.7 所示。

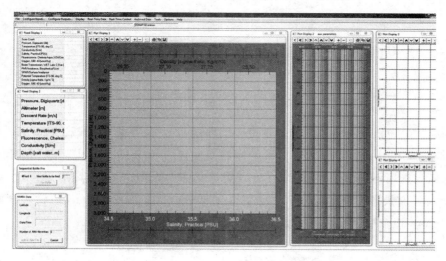

图 6.7　seasave V7 **初始界面**

（3）点击主菜单栏上的"configure inputs"菜单，进入"serial ports"标签页（如图 6.8）所示。选择甲板单元的"SBE 11plus Interface"接口与计算机的串口端口号，波特率为 19200，选择与甲板单元的"Modem Channel"接口与计算机的串口端口号，并选择 GPS 信号连接到计算机上的串口端口号及正确的波特率（GPS 信号可直接接入计算机或通过 SBE 11plus 甲板单元以模拟数据接入）。

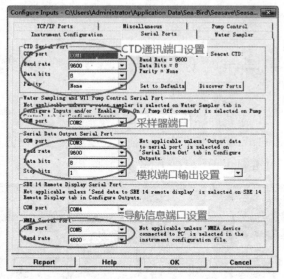

图 6.8　seasave V7 端口配置界面

（4）在"water sampler"标签页设置采样器的型号、采样的瓶数、采样方式等信息（如图 6.8 所示）。"东方红 2"号采样器型号皆为"SBECarousel"，采样的瓶数看具体情况选用不同的采样器，采样方式普遍采用"Sequential"即顺序采样，也可根据个人习惯设置"User Input"手动输入采样瓶号、"Table Driven"预设采样瓶顺序、"Auto Fire"以预定水深或压力自动采样等信息。

图 6.9　seasave V7 采样设定界面

　　（5）点击"OK"返回主界面，于"Real-Time Data"菜单下的"start"菜单中进行显示模式和存储路径参数的设置，即数据模拟显示方式和存储路径、文件命名等（如图 6.10 所示）。文件命名建议采用"航次—站位—投放次数"的形式进行记录。

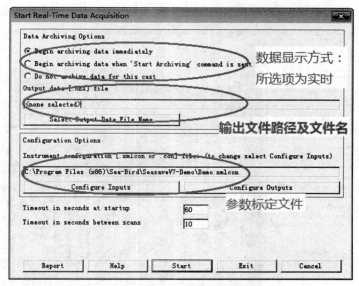

图 6.10　seasave V7 存储设置界面

　　（6）设置完成，点击"start"，出现提示框，要求输入站位信息等。可根据首席科学家的要求进行输入，若已有定位导航数据介入，可直接输入站位、投放次数和操作者。输入完成，点击"OK"，软件将初始化 CTD、采水器及 NMEA（GPS）。软件初始化后，即进入实时显示、操控、存储的工作模式（如图 6.11 所示）。

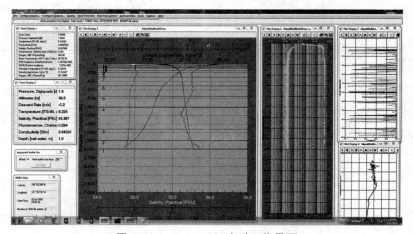

图 6.11　seasave V7 实时工作界面

（7）在"Real-Time Control"菜单下的"Fire Bottle Control"和"Mrak Scan Control"处鼠标左键点击标记，在弹出的对话框"Sequential Bottle Fire"和"Mark Scan Control"里进行采样操控及实时标注（如图 6.12 所示）。（注：实时标注为瞬时数据取样，不具有代表性，仅作为时间标注追踪，不可作为采样水层的真实数据。）

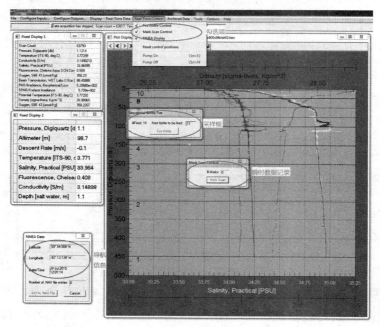

图 6.12　seasave V7 采样及标记窗口

（8）用铅笔将实验数据准确录入如下的 CTD 记录表格。

表 6.2　"东方红 2"船离岸实验室 CTD 记录表格

——制表人：黄磊

航次名称：	作业日期：
CTD 投放次数： 站位名称：	作业的起始时间（UTC）：
CTD 文件名 * ：	海底深度 * * （m）：
定位文件名	高度计离底的最近距离（m）：
维度：	CTD 操作人员
经度：	CTD 取样人员：

* :CTD 文件命名,即航次—CTD—投放次数—站位。

** :海底深度为 CTD 压力计数和高度计数之和。

采水器 编号	预订采样 层位(m)	实际采样 层位(m)	DO 采样瓶 编号	盐度采样瓶 编号	未尽事宜 备注
1					
2					
3					
4					
5					
6					
7					
8					
9					
10					
11					
12					

附:CTD 采样的记录细节

1. CTD 无用数据的消除:仪器入水气泵开启之前数据无用,可以把该通道电信号于甲板单元 SBE 11plus V2 模拟显示,待气泵开启后再进行数据记录。

2. CTD 采样数据记录:为契合 LADCP 采样速率,也为了保证 CTD 数据的精度,仪器入水后移动速率不可超过 $0.5 \sim 0.8$ m/s。低于该范围,则盐度尖峰问题凸显(Seabird 公司目前没有更好的实质性硬件解决方案),高于该范围,则数据平均时剔除异常值后,极大地影响数据的精度。

第四节　CTD数据的处理

通过数据采集软件"Seasave"程序可以获取的CTD标准数据。其格式分为五种：

（1）hdr文件：实时数据获取之前记录的表头文件。表头信息包括软件版本、传感器类型编号、仪器标定信息等，是重要的原始记录文本，可直接通过记事本程序打开。详尽的表头文件可以省去很多后续整理、校对的时间。

（2）hex文件：Seasave软件从SBE 9plus CTD数据流实时获取的十六进制原始文件。该文件包括表头文件信息，且为SBE专用数据格式，用其他软件打开会添加错误的提示符，无法再以SBE软件读取或转码。

（3）bl文件：采样瓶记录信息，内容包括采样瓶顺序编号和位置、日期时间、每次采样前后获取数据的编号（编号为采样前后1.5 s间隔的数据）。Seasave以文件的形式记录所有从SBE 32 carousel采样器获取的采样信息。

（4）mrk文件：瞬时数据标记/记录信息，内容包括数据流编码、系统时间、可选的输出变量。Seasave实时获取数据时，点击"Mark Scan"对话框的按钮即可实时标记该瞬时信息。

（5）xmlcon文件：仪器标定信息，以XML格式书写。内容包括仪器型号、仪器编码、各传感器对应的模拟频道和标定参数。

使用SBE Data Processing软件对以上文件进行处理。

① "Data Conversion"数据转码。

② 过滤"Filter"数据和平滑曲线。

③ "Align CTD"按时间标注匹配所有变量，从而整合同水层变量（即所有变量以时间坐标追踪，相对压力排序）。

④ "Cell Thermal Mass"专为消除盐度尖峰设计的环节，通过同步的温度、电导率数据来达成（两者同水层数据有时间差）。

⑤ "Loop Edit"标记出由于船舶横摇造成CTD移动速度小于下限甚至反向移动时的那些"scan number"瞬时数据流编码。

⑥ "Derive"衍生变量计算，要求数据转码过程中至少输出温度、电导率和压

力传感器数据,用这些数据计算实用盐度、密度和声速等衍生变量。

⑦ "Bin Average" 数据平均,以个人需求设定压力或深度进行平均。

⑧ "Sea Plot" 数据作图,简明、直观。

附图,格陵兰附近浮冰海域 CTD 记录:

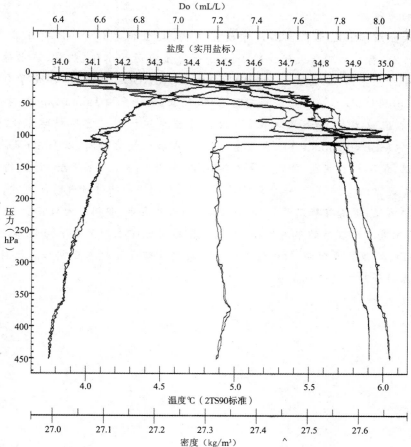

PE400航段格陵兰岛附近海域

如图所示:

① 表层海水温度极低,于温跃层突变后即进入平稳的下均匀层;

② 盐度、密度变化趋势相同,海水的物理性质随压力的增大越来越倾向于受温度控制。

③ 溶解氧随压力减小,其主要来源是当海水中氧未达到饱和时,从大气溶入的氧;另一来源是海水中植物通过光合作用所放出的氧。这两种来源仅限于在距

海面 100～200 m 厚的真光层中进行。在一般情况下,表层海水中的含氧量趋向于与大气中的氧达到平衡,而氧在海水中的溶解度又取决于温度、盐度和压力。当海水的温度升高,盐度增加和压力减小时,溶解度减小,含氧量也就减小。

附:有关 Julian Day 的数据后处理

笔者于 2015 年 7 月参与 OSNAP 第二航段期间,遭遇 Julian Day 有规律性计算失控的问题。

背景介绍:NIOZ 为荷兰海洋学研究机构,其组织的 OSNAP 项目第二航段(7.7～7.28)旨在监测北大西洋跨 Irminger 海盆海区的水体、热量、淡水通量,具体实验项目包括潜标回收/释放、RAFOS、CTD LADCP 监测、海洋化学分析等。SBE 911plus CTD 系统为与潜标自容 CTD 校准,统一采用 Julian Day 计时。为保证数据精度,以差分 GPS 导入 CTD 数据处理系统计时。首席科学家 Laura de Stuer 要求 SBE 911plus CTD 系统接入 NMEA 数据校准时间,以 Julian Day 作为时间标注,追溯相关数据信息。但以 NMEA 和 Instrument's Time 计算的 Julian Day 出现规律性失控:即上一个文件计算时间正常,下一文件计算时间失常。

解决方案:笔者在确定原始数据(Raw data)无误后,即判断为数据后处理软件 bug。仔细查看处理后的平均数据,发现计算时间规律性调至基准点起算,可以定性为"CTD 处理软件数据"软件计算跳点。数据处理设置起算日期和时间时,采用系统世界时计时即可顺利解决。

参考文献

冯士筰.海洋科学导论[M].北京:高等教育出版社,1999

侍茂崇.海洋调查方法[M].青岛:中国海洋大学出版社,2000

张正斌.海洋化学.青岛:中国海洋大学出版社,2004

侍茂崇.物理海洋学.济南:山东教育出版社,2004

张正斌,刘莲生.海洋化学进展[M].北京:化学工业出版社,2005